シリーズ 大地の公園

関東のジオパーク

目代邦康・鈴木雄介・松原典孝 編

古今書院

Japanese Geoparks Series

Geoparks of Kwanto Region in Japan

Editor in chief : Kuniyasu MOKUDAI

Editors : Kuniyasu MOKUDAI , Yusuke SUZUKI and Noritaka MATSUBARA

ISBN978-4-7722-5281-2

Copyright © 2016 Kuniyasu MOKUDAI , Yusuke SUZUKI and Noritaka MATSUBARA

Kokon Shoin Publishers Co., Ltd., Tokyo, 2016

本書の使い方

　本書では、関東地方の6カ所と中部地方の2カ所のジオパークについて、**ジオツアーコース**②を紹介・解説しています。このジオツアーコースは、そのジオパークの地形や地質の特徴から、そこに成立している生態系や、地域の人々の暮らし・文化までが理解できるように構成されています。本書では、「地形や地質、土壌、生態系、水循環、文化、歴史などの、様々なことがらのつながりを示した物語」のことを、**ジオストーリー**と呼んでいます。本書とともに、あるいは現地ガイドの方と一緒にジオサイトを見てまわれば、ジオストーリーを理解できるようになるでしょう。

　日本列島は、様々な種類の地質が存在し、地形は変化に富んでいます。火山活動、地殻変動も活発です。さらに周囲は海に囲まれ、その海洋の環境も多様です。こうした多様性はジオ多様性（geodiversity）と呼ばれています。日本列島は世界の中でもジオ多様性の高い地域の1つです。世界的に見て、日本列島が生物多様性の高い地域であることの1つの理由は、このジオ多様性が高いことにあります。ジオパークはこうしたジオ多様性を学ぶのに最適な場所です。フィールドでジオ多様性を五感で感じ、ジオストーリーを発見するジオツアーを楽しんでください。

最初のページには、地形の**鳥瞰図** ①が示してあります。**ジオツアーコース** ②には、見学地点であるStopが示されています。その場所のキャッチフレーズとともに、地名あるいは見えるものを示しています。広域の地形をイメージする鳥の目の視点と、それぞれのStopで地形や地層の露頭などを詳しく観察する虫の目の視点の両方を持ちながら、地形や地質を理解してください。文章の構成の都合で、実際に移動するには不都合な順番になっていることもあるので、各Stopの位置は、章末の**位置情報** ⑩で確認してください。緯度経度は世界測地系で示しています。

それぞれのジオパークで起こった、過去の大きな事件は、**ジオヒストリー** ③のバーの中で示しています。時間の目盛りは対数になっています。

各ジオパークの全体像を理解してもらうため、**本文** ⑤に示されていない情報も含め、それぞれのジオパークの概要を**地域概要** ④で示しています。

最後のページには、各ジオパークを訪れる上で役に立つ情報をまとめています。各ジオパークの最新の現地の情報は、**問い合わせ先** ⑥で確認してください。また、地域の情報が集められている施設は、**関連施設** ⑦にまとめています。**注意事項** ⑧には、実際に現地を見てまわる際の、アクセス制限などをまとめています。

地形や地質、土地利用などをより詳しく理解したい人は、地形図を持って行くと良いと思います。各Stopの場所を含む国土地理院発行2万5千分の1**地形図**の図名⑨を示しました。

目 次

I 関東地方 ········· 9
関東地方の概説

1 伊豆大島ジオパーク ········· 18
水と火と風、そして人々がつくる火山島の姿

2 茨城県北ジオパーク ········· 30
新常陸国風土記を旅する

3 下仁田ジオパーク ········· 48
ネギとコンニャク、ジオパーク

4 ジオパーク秩父 ········· 62
歴史的な巡検ルートを訪ねて先人に学ぶ

5 銚子ジオパーク ········· 76
大地からの豊かな恵みを実感して生きる

6 箱根ジオパーク ········· 92
北と南をつなぐ自然のみち、東と西をつなぐ歴史のみち

II 中部地方 ········· 107
中部地方の概説

1 伊豆半島ジオパーク ········· 110
南から来た火山の贈りもの

2 苗場山麓ジオパーク ········· 122
雪に育まれた自然と歴史文化

コラム
　1　洞窟 ・・・・・・・・・・・・・・45
　2　地域おこし協力隊 ・・・・・・・・・・60
　3　テフラ ・・・・・・・・・・・・・73
　4　文化財の保護と活用 ・・・・・・・90
　5　生物多様性 ・・・・・・・・・・104
　6　プレートテクトニクスと伊豆 ・・・136
　7　海 ・・・・・・・・・・・・・・139
　8　野柳地質公園 ・・・・・・・・・142

北海道地図株式会社のジオアート ・・・・・・・・・・・・・・・・　146
索引 ・・・・・・・・・・・・・・・・・・・・・・・・・・・　148

本巻の各章は、月刊「地理」（古今書院）に連載された「ジオパークを歩く」の記事に加筆したものと、新たに書き下ろしたものです。連載で掲載された記事は、以下の通りです。

関谷友彦（2012）ジオパークを歩く（15）下仁田ジオパーク：ねぎとコンニャク・ジオパーク．地理57（9），4-9.

井上素子・本間岳史（2012）ジオパークを歩く（16）ジオパーク秩父：大地の守人を育むジオ学習の聖地．地理57（10），4-9.

川邉禎久（2012）ジオパークを歩く（17）伊豆大島ジオパーク：水と火と風、そして人びとがつくる火山島の姿．地理57（11），16-22.

天野一男（2013）ジオパークを歩く（20）茨城県北ジオパーク：21世紀・新常陸国風土記の旅．地理58（2），43-48.

青山朋史（2013）ジオパークを歩く（21）箱根ジオパーク：北と南をつなぐ自然のみち 東と西をつなぐ歴史のみち．地理58（3），86-92.

中村希維・小玉健次郎・日代邦康・柚洞一央（2013）ジオパークを歩く（23）銚子ジオパーク：潮風うける「関東構造盆地」の東端．地理58（6），52-55.

鈴木雄介（2013）ジオパークを歩く（24）伊豆半島ジオパーク：南から来た火山の贈りもの．地理58（7），58-63.

※伊豆半島ジオパークと苗場山麓ジオパークは、認定の時期やページの都合により、本書に掲載しました。

シリーズ大地の公園 目次

北海道・東北のジオパーク

Ⅰ 北海道地方
1. 洞爺湖有珠山ジオパーク
   活発な火山活動のもとで豊かな自然の恵みを享受する大地
2. アポイ岳ジオパーク
   地球深部からの贈りものがつなぐ大地と自然と人々の物語
3. 白滝ジオパーク
   黒曜石がつむぐ地球と人の物語
4. 三笠ジオパーク
   さあ行こう！1億年時間旅行へ
5. とかち鹿追ジオパーク
   寒冷地ならではの自然と農業

Ⅱ 東北地方
1. 男鹿半島・大潟ジオパーク
   地形・地質の特性から生まれた風光明媚な自然と文化景観
2. 磐梯山ジオパーク
   岩なだれが作った美しい景観と災害の歴史
3. 八峰白神ジオパーク
   白神の恵みに生きる人々
4. ゆざわジオパーク
   見えない火山によってつくられた、ゆざわの人々の苦労の歴史
5. 三陸ジオパーク
   悠久の大地と海と共に生きる
6. 栗駒山麓ジオパーク
   自然災害との共生から生まれた豊穣の大地の物語

関東のジオパーク (p.4-5 参照)

中部・近畿・中国・四国のジオパーク

Ⅰ 中部地方
1. 南アルプス(中央構造線エリア)ジオパーク
   高い山、深い谷が育む生物と文化の多様性
2. 糸魚川ジオパーク
   奴奈川姫伝説からたどる大地の多様性が育んだ人々の暮らし
3. 佐渡ジオパーク
   金とトキの島でたどる3億年の旅とひとの暮らし
4. 白山手取川ジオパーク
   山・川・海そして雪　いのちを育む水の旅

5 恐竜渓谷ふくい勝山ジオパーク
    恐竜はどこにいたのか？ 大地が動き、大陸から勝山へ
  6 立山黒部ジオパーク
    400万年のときをかけて湾岸に屹立する山河、そして人々のいとなみ
Ⅱ 近畿・中国地方
  1 南紀熊野ジオパーク
    プレートが出会って生まれた3つの大地
  2 山陰海岸ジオパーク
    日本海形成に伴う多様な地形・地質・風土と人々の暮らし
  3 隠岐ジオパーク
    離れているからこそ見える大地とのつながり
Ⅲ 四国地方
  1 室戸ジオパーク
    隆起しつづける大地とともに生きる人々
  2 四国西予ジオパーク
    1つの町でも異なる石灰岩の活用方法

九州・沖縄のジオパーク

Ⅰ 九州地方
  1 島原半島ジオパーク
    火山と共生する人々が創る独自の文化と歴史
  2 阿蘇ジオパーク
    阿蘇山の大地と人々の暮らし
  3 天草ジオパーク
    暮らしと心を豊かにする石ものがたり
  4 霧島ジオパーク
    自然の多様性とそれを育む火山活動
  5 おおいた姫島ジオパーク
    火山が生み出した神秘の島
  6 おおいた豊後大野ジオパーク
    九州島成立と巨大噴火を物語る地質と共に在り続けた人々
  7 桜島・錦江湾ジオパーク
    火山と人と自然のつながり
  8 三島村・鬼界カルデラジオパーク
    島々と火山をめぐる人の営みとこれから
Ⅱ 沖縄地方
Ⅲ 中国地方
  1 Mine 秋吉台ジオパーク
    日本最大級のカルスト台地とそこに暮らす人々

  ※ Mine 秋吉台ジオパークは、『中部・近畿・中国・四国のジオパーク』の刊行後、新たに日本ジオパークに認定されたため、『九州・沖縄のジオパーク』に掲載しました。

地質時代の名称と年代

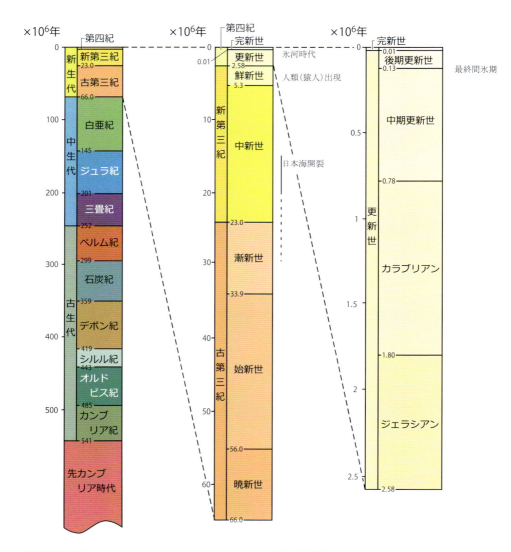

国際地質科学連合(International Union of Geological Sciences)国際層序委員会(International Commission on Stratigraphy)によるInternational Chronostratigraphic Chart(国際年代層序表)の2015年1月版(日本語版：日本地質学会作成)を参考にして、目代が作図した。

I 関東地方

写真解説は 156 ページ

関東地方の概説

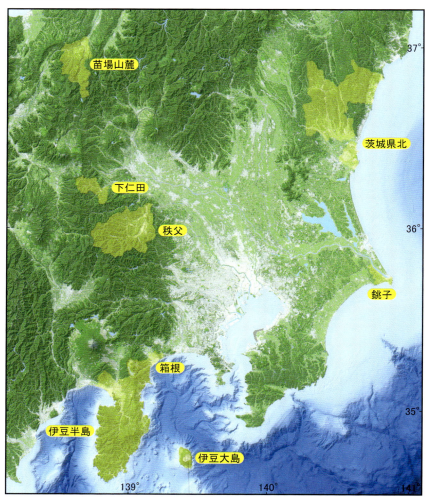

図1 関東地方の地形
北海道地図株式会社「地形陰影図」に加筆

地形

　関東地方の地形を概略的に見ると、中央に関東平野が広がり、北部及び東部を標高 1000 m 〜 2000 m 前後の山々が囲んでいる。関東平野は、相対的に沈降し続けている凹みを土砂が埋積し続けることによりできており、地下の地質構造を考えると堆積盆地的構造を持つ。この「堆積盆地」は日本海拡大などがあった中新世以来沈降し続けており、現在のような大きな平野を形成した。この「堆積盆地」は関東堆積盆地と呼ばれている。

　平野は一様ではない。武蔵野台地や常総台地といった台地と、多摩丘陵、狭山丘陵といった丘陵、そして河川や海が土地の高まりを削り、土砂を堆積させた低地という3つの地形面に区分できる。これらは相対的海水準変動（海面や大地の上下変動）の影響を受けて形成されたものである。

　太平洋プレートとフィリピン海プレート、北アメリカプレートの会合点付近にある関東地方は、これら複数のプレートの運動によりつくられた複雑な地質構造を有する。関東堆積盆地の先新第三系（中生代や古生代などの地層）からなる基盤の地表からの深度を調べると、3500 m を超す地域が埼玉県北部に、4000 m を超す地域が房総半島中部にある（鈴木 2002）。日本海の最大水深が 3742 m であることを考えると驚異的な数字である。ただ、プレートの動きと盆地形成のメカニズムの関係など、関東造盆地運動といわれる大地の動きの正確なメカニズムはまだ明らかにされてはいない。

　関東地方の地質構造は、伊豆半島の付け根付近、関東山地周辺で大きく北方へと屈曲している。これは中央構造線も同様で、西南日本でおおよそ東西方向にのびていたものが、赤石山脈ではほぼ南北方向になっている。これはフィリピン海プレートの本州弧への沈み込みに伴い伊豆・小笠原弧北部が衝突・付加した影響と考えられ、関東山地や丹沢山地の隆起にも関係している（松田 1980、天野 1986 など）。

　関東地方の山地は地層の分布や地質構造が地形の特徴と調和していることが多い。例えば固いチャートなどからなる関東山地は急峻な山容であり、その連なりは地層の分布や断層ののびの方向とおおよそ同じ西北西－東南東方向に続いている。

地質

　関東地方の地質構造を概略的に見ると、中心部に先新第三系（古生代や中生代の地層など）を基盤とした、新第三紀や第四紀の地層からなる関東堆積盆地があり、それを囲むように先新第三系などからなる山地（関東山地や八溝山地、足尾山地、秩父山地）や第四紀の火山（浅間山や赤城山、富士山、箱根山など）が連なっている。

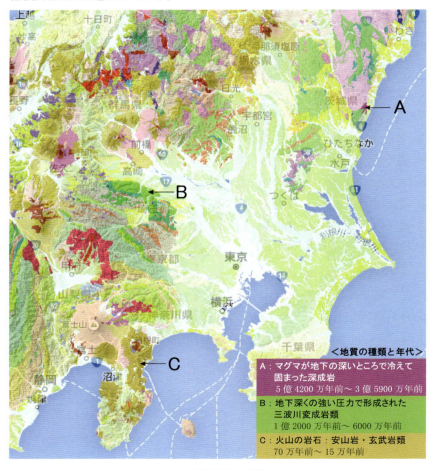

図2　関東地方の地質
産業技術総合研究所 地質調査総合センター「20万分の1日本シームレス地質図」[CC BY-ND] に加筆
凡例の地質の種類は基図のデータにもとづき一部を編者が改変。地質の年代は基図のデータによる

関東地方の古い時代（古生代や中生代）の地層は、関東平野をとりまいて、関東山地や足尾山地、帝釈山地、八溝山地や阿武隈山地に広く分布するほか、那珂湊周辺や銚子周辺にも分布する。

　日本列島の地質構造を大まかに区分した場合、関東地方の大部分は西南日本の東端にあたり、足尾山地から帝釈山地、八溝山地、関東山地北部にかけては西南日本内帯から続くジュラ紀付加体や珪長質火成岩類が、関東山地南部には西南日本外帯につながるジュラ紀〜白亜紀の付加体が帯状に分布している。一方、関東地方北東部は東北日本の南端部にあたり、古生代の地層やジュラ紀付加体などを原岩とする変成岩や白亜紀の花崗岩類などが分布する。

　これらのうち最も古い地層や岩石が分布しているのは、阿武隈山地南部に位置する日立周辺であり、ここでは5億年前の地層が報告されている（田切ほか2010）。これによれば、カンブリア紀後期にあたる5億年前に、ゴンドワナ大陸縁辺に存在した火山弧で火山活動があり、火山岩類が噴出、石炭紀前期にほかの地層に不整合で覆われた後、白亜紀に全体が広域変成作用を受けたということになる。

　関東堆積盆の中はどうなっているのだろうか。前述のように関東堆積盆地の新第三紀の地層や第四紀の地層の基盤は深い所で4000 mを超える。この大きな器の中に、日本海が拡大していた時に形成された新第三紀の地層や、その上に現在に続く第四紀の地層がたまっている。新第三紀の地層は多くは第四紀の地層に覆われているためその分布は連続していないが、茨城県棚倉地域や塩原地域、宇都宮地域、富岡地域、秩父地域、銚子地域などで見ることができる。それらは海成層から陸成層、砕屑岩類から火山岩類までさまざまで、形成された環境が激しく変化していたことをうかがい知ることができる。この時代の凝灰岩は大谷石や伊豆石などしばしば石材に利用されている。新第三紀の地層群のうち、南部フォッサマグナには特殊な地層群が分布している。伊豆・小笠原弧の北部は、南部フォッサマグナにおいて本州弧へ衝突・付加していると考えられているが、伊豆半島は今まさに衝突・付加している最中の火山弧で、その北方には北アメリカプレートとフィリピン海プレートの境界の一部と考えられている神縄断層などが存在する。この、伊豆・小笠原弧が衝突・付加したとされる場所が南部フォッサマグナで、櫛形山地塊（山

梨県北西部)、御坂地塊(山梨県東部)、丹沢地塊(神奈川県西部～山梨県東部)が伊豆半島より前に衝突・付加した古海洋性島弧と考えられる。近年、大陸地殻の発達に海洋性島弧の衝突・付加が大いに寄与している可能性が指摘されており(田村 2011 など)、現在衝突している最中の伊豆半島や南部フォッサマグナは大陸の発達過程を知る上で極めて重要なサイトと言えよう。第四紀の地層は広く関東堆積盆地に分布しており、側方への連続性も良い。過去の相対的海水準の上昇による海進も記録されており、各地で海(古東京湾など)に堆積した地層を見ることができる。表層は広範囲で関東ロームなどの風成層で覆われており、台地の上ではそれが農業に影響を与えている。

　関東平野を取り囲む山地には、第四紀火山がいくつかある。関東平野など複雑な地質構造をもたらした複数のプレートは火山活動にも影響を与えており、関東地方の第四紀火山の配列は複雑である。関東地方の第四紀火山は、主に関東地方北部(那須岳、日光白根山、赤城山、榛名山、草津白根山、浅間山など)と伊豆及び伊豆・小笠原弧(箱根山、伊豆大島、三宅島、八丈島など)に分布し、その中には活動中の火山も複数ある。火山は火山特有の地形をつくっている。特に箱根山や伊豆大島ではカルデラ地形を見ることができる。

　このように複数の第四紀火山を生み出すプレートの動きはしばしば地震も引き起こす。2011 年 3 月 11 日の東北地方太平洋沖地震は太平洋プレートが北アメリカプレートに沈み込む過程で発生したもので、関東地方にも大きな被害をもたらした。また活断層も複数あり、直下型地震も危惧されている(平田 2016)。

気候

　関東地方の気候は、おおむね太平洋側気候であり、夏に雨が多く、冬に乾燥する。ただし、群馬県の北部などは一部日本海側気候となっており、群馬県や栃木県の山間部は一部豪雪地帯になっている。冬になると日本海側に雪を降らした季節風は乾燥して関東平野に吹き降ろす。群馬県や栃木県ではこの風を「からっ風」と呼んでいる。関東平野にはこの西からの季節風を防ぐために屋敷の風上側に杉やヒノキ、ケヤキなどの大型の樹木を植えることが

写真1 西からの季節風を防ぐために設けられた屋敷林 (2016年7月撮影)

多い。沿岸には暖流である黒潮が流れており、特に三浦半島や房総半島など南部の沿岸部は比較的温暖な気候となっている。一方標高の高い山岳部は冷涼で、軽井沢や日光などは避暑地として知られている。茨城県や千葉県の沿岸部はやませ（北東気流）により気温が大幅に下まわることがある。一方で群馬県や埼玉県の平野部は赤城山などからのフェーン現象と東京都心のヒートアイランド現象になどによって温まりやすく夏季には猛暑日になりやすい。小笠原諸島は南日本気候で一年を通して温暖である。

植生

植生は平野部やその周辺の標高 500 〜 900 m の低山には常緑広葉樹林が広がり、その上部にはブナやシラカバ、ミズナラなどの落葉広葉樹林が広がる。さらに落葉広葉樹林の上部にはシラビソやカラマツ、ダケカンバなどの針葉樹林が広がる。関東地方は古くから人が森林を利用しており、多くの場所でいわゆる雑木林になっている。関東地方には活動中の火山が複数あり、近年活動した火山では裸地からの植生の遷移も観察できる。

歴史・文化

　旧石器時代に人が住みはじめたと考えられる関東地方は、縄文時代になると温暖な環境のもと各地に大型の集落が形成されていった。当時の海は現在の栃木県南部付近にまで達しており、その周辺では数多くの縄文遺跡が見つかっている。弥生時代になると水田での稲作が始まるが、関東ローム層に覆われた台地の上は水の確保が難しく耕作地として開発されなかった。

　ヤマト王権のあった古墳時代になると、関東地方でも豪族が複数台頭し、東日本最大の太田天神山古墳（群馬県太田市）をはじめ、各地で古墳がつくられた。その後、律令制のもと相模国（さがみのくに）、武蔵国（むさしのくに）、下総国（しもうさのくに）、上総国（かずさのくに）、安房国（あわのくに）、常陸国（ひたちのくに）、上野国（こうずけのくに）、下野国（しもつけのくに）の8つの令制国に分割され統治された。平安時代以降関東は複数の武士に領有されるようになり、鎌倉時代には源頼朝が鎌倉に幕府を設立した。武家政権による国政はその後室町幕府・江戸幕府へと継承される。室町時代末期から安土桃山時代になると関東各地で戦争が起こり、最終的に小田原北条氏が台頭、関東各地を支配下に置いた。その後豊臣秀吉により小田原北条氏は滅亡、小田原北条氏の旧領には徳川氏が入り、後にそれがそのまま江戸幕府の勢力基盤として継承された。戦国時代には各地に城が築かれ、そのうちのいくつかは現在も各地に残されている。

　江戸時代には大規模な土木事業が次々と実施され、徳川家康は江戸湾に注ぐ利根川・渡良瀬川水系を鬼怒川水系にまとめ、現在の利根川水系の原型をつくる利根川遷移事業を進めた。各地で新田開発などが進み、今まで耕作地として利用されてこなかった低湿地や武蔵野台地が耕作地に変わっていった。こうして江戸は世界屈指の大都市となっていった。

　明治以降首都が東京になると首都機能が集約されるとともに宅地開発や港湾部の開発が進み、東京湾岸に埋立地が形成、産業の中心として東京湾岸が発展していった。栃木県の足尾銅山や茨城県の日立鉱山、常磐炭田などは急速に近代化され、日本の急成長を支えた。太平洋戦争後日本が高度成長期を迎えると大手企業の本社が次々に東京に移され、経済面でも東京の一極集中が進んだ（写真2）。これに伴い東京周辺にはベッドタウンがいくつも誕生した。

写真2 東京の都市部 (目代邦康、2015年6月撮影)

　一見人工物しかないように思われる東京都心だが、自然の地形は比較的多く残されており、台地と低地、それを繋ぐ坂などからもともとの地形を読み解くことができる。古くから続く自然に対する信仰なども各地に残されており、例えば茨城県の筑波山には現在も多くの参拝客が訪れる。地域ごとの文化や食なども各地に残されており、関東平野とそれを囲む山々に多様性を生み出している。

（松原典孝）

【参考文献】
・天野一男（1986）多重衝突帯としての南部フォッサマグナ．月刊地球 8, 581-585.
・鈴木宏芳（2002）関東平野の地下地質構造．防災科学技術研究所研究報告, 63, 1-19.
・平田　直（2016）『首都直下地震』岩波書店
・松田時彦（1980）島弧接合部の構造．岩波講座地球科学 15．日本の地質, 362-366.
・田切美智雄・森本麻希・望月涼子・横須賀歩・D.J. Dunkley・足立達朗（2010）日立変成岩類－カンブリア紀の SHRIMP ジルコン年代をもつ変成花崗岩質岩類の産状とその地質について－．地学雑誌 119, 245-256.
・田村芳彦（2011）伊豆弧衝突帯における大陸地殻形成．地学雑誌 120, 567-584.

❶ 伊豆大島ジオパーク

水と火と風、そして人々がつくる火山島の姿

図1　伊豆大島ジオパークの地形とStop位置図
北海道地図株式会社ジオアート『伊豆大島ジオパーク』をもとに作成

ジオヒストリー	先カンブリア	古生代	中生代	新生代
（年前） 46億	5億	2.5億	6600万	500万

伊豆大島

ジオツアーコース

Stop 1	山肌を流れ下る**溶岩**	御神火茶屋
Stop 2	島民ガイドによる案内	山頂ジオパーク展
Stop 3	**パホイホイ溶岩とアア溶岩**	三原山登山道
Stop 4	**アグルチネート**の岩塊	三原山登山道
Stop 5	巨大な**火口**	火口展望台
Stop 6	100回以上の**噴火**の記録	地層大切断面
Stop 7	削り残された**火山**	筆島
Stop 8	**マグマ水蒸気爆発**の痕跡	波浮港
Stop 9	浜の川	ハマンカー

　伊豆大島は、山頂部に直径3～4.5 kmのまゆ型のカルデラと中央火口丘三原山（みはらやま）を持つ主に玄武岩マグマを噴出する火山である（図1）。伊豆大島は、黒潮の影響のため1年を通じて温暖な気候である。東京竹芝桟橋から高速ジェット船なら2時間弱で着いてしまう距離とは思えないほど、雄大で独特な風景が広がる。伊豆大島は自然豊かで恵みの多い島である反面、島に住む人々は火山島特有の苦難をも強いられてきた。1986年11月に始まった噴火では、三原山からの噴火に続き、カルデラ床と山腹にできた割れ目からの側噴火が発生、全島民が約1カ月島外に避難するという事態となった。また2013年11月には台風による大雨で、過去の噴火で降り積もった火山灰が崩れ落ち、大きな土砂災害も引き起こした。

伊豆大島山頂カルデラ

　伊豆大島への船の接岸港は、風が強い場合には北部の岡田港（おかた）が、天候が安定している時には西部の元町港（もとまち）が使われる。どちらの港が使われるかはその日の朝に決まるが、島から帰るときにどちらが出帆港か知らないと大慌てするはめになる。風向きという島の自然と、地形と生活との関係を実感することの1つである。

　港から三原山山頂口行きバスに乗ると終点が山頂カルデラ西縁にある御神火茶屋（ごじんかちゃや）である（Stop 1）。駐車場から土産物屋の前を通って左に曲がると、多くの方が「うわ～！」と、感嘆の声を上げる。目の前には広大な大地が開け、噴火で火口からあふれ出て山肌を流れ下った溶岩が、今でも黒い筋となっ

筆島火山の活動
（240万年～）

台風による大規模土砂災害
（2013年）

新生代　　10万　　1万

三原山噴火
（1986年）

現在

てハッキリと残っている（写真1）。目の前の丘が中央火口丘の三原山（標高758 m）である。ここからは時代の異なる3つの溶岩流、江戸時代の安永溶岩（1777-1778年）と、1950-51年溶岩、1986年噴火A溶岩を見ることができる。安永溶岩の向こう側の黒く見える部分は、1986年噴火のB割れ目火口群の火砕丘である。

　展望台から南北に連なる崖が三原山外輪山、つまりカルデラ縁になる。このカルデラをつくったのは、3世紀ごろに起こったS2と呼ばれる大規模な水蒸気爆発による噴火と考えられている。駐車場脇のレストハウス裏にはこのときの水蒸気爆発に伴う低温の火砕流堆積物が見られるほか、展望台からカルデラ内に少し下った所には、S2の火山豆石層や吹き飛ばされて地面にめり込んだ岩塊を見ることができる。この低温の火砕流堆積物は、伊豆大島のほとんどの地域を覆っていて、当時大災害をもたらしたはずである。

　御神火茶屋のすぐ脇の建物で土日に開催している「山頂ジオパーク展」に行くと、島民ガイドが写真や動画の解説をしており、ガイドによっては噴火体験も話してくれる（Stop 2）。

写真1　御神火茶屋から見た三原山と溶岩（2010年1月撮影）
黒く見える溶岩が1986年A溶岩、手前の植生が進入している部分が1950-51年溶岩、登山道の左側が安永溶岩

三原山

　登山道を三原山へ歩いていくと、登山道左側の表面が滑らかで縄状の模様があるパホイホイ溶岩の安永溶岩（写真2）、右側のゴツゴツしたクリンカーに覆われたアア溶岩の1950-51年溶岩と1986年A溶岩（写真3）の違いがよくわかる（Stop 3）。この場所の面白さは、目の前の溶岩に登ったり、触ったりして火山を体感できる所である。噴火からの経過時間が異なる溶岩での植生の違いにも注目してもらいたい。

　登山道が三原山斜面を登りはじめると、三原山や溶岩流の断面がそこかしこに露出してくる。登りながら、溶岩流と火砕丘の違いが観察できる。比高120 mほどの三原山斜面を登りきった所、三原神社への分岐に大きな岩塊がある。これは、1986年噴火で三原山A火口近くに堆積した火山弾・スコリアが溶結したアグルチネートが、1986年A溶岩の流れに乗ってここまで運ばれてきたものである。このような岩塊はこのほかにも大小さまざまな形のものがある（Stop 4、写真4）。

　2階建ての展望台手前の分岐を向かって左へ向かい、火口展望台を目指す。途中、噴気に触れてマグマの熱を感じることができる。火口展望台

写真2　Y1 パホイホイ溶岩（2009年3月撮影）

写真3　1986年のアア溶岩（2007年11月撮影）

からは、60階建てのビルがスッポリ入る大きさの火口を見ることができる（Stop 5）。この直径300 m、深さ180 mもの火口は、火口内を満たしていた溶岩が、1986年噴火の1年後の1987年11月に爆発とともに地下へ逆流してつくられたものである。火口の壁には、古い溶岩流や火砕岩が重なっているのが見える。

　体力と時間に余裕があればさらに三原山をぐるりと1周してみたい。1986年噴火の大きな火山弾やスコリアを足元に見ながら登っていくと、天気が良ければ北西に大室山や箱根山、富士山が、南西に利島、新島、神津島、南東に三宅島、御蔵島などの火山の連なりを遠望することができる。東側を見下ろすと、植生がほとんどない黒いスコリアで敷き詰められた「裏砂漠」と、半ば埋もれているカルデラ東縁が見られる。B火口列南端の、大きな火口をのぞき込むこともできる。

　坂を下った所の裏砂漠方面への分岐を過ぎてまっすぐ歩いていくと、御神火茶屋から登ってきた道と合流する。ここではそのまま御神火茶屋に帰るが、先ほどの分岐を裏砂漠方面に下って、裏砂漠の風景を体感したり、植生遷移を観察するのも良いだろう。

写真4　三原山の"ゴジラ岩"（2015年5月撮影）
1986年噴火であらわれた、ゴジラ似の溶岩。背景には富士山が見える

降り積もった火砕物

　伊豆大島では海岸や集落の道路脇や森の中などさまざまな場所で、繰り返してきた噴火の歴史を語る地層が観察できる。またカルデラ縁の北部、大島温泉ホテルの駐車場脇の崖など、場所によっては噴火時の玄武岩質の黒いスコリア、火山灰層と噴火休止期の茶褐色土壌の重なりの中に、838年の神津島噴火で飛んできた白色火山灰層が挟まれているのがわかる（写真5）。このような地層を全島にわたって追跡して、いつの時代の、どのような噴出物が、どこにあるのか読み取ることで、伊豆大島火山の噴火の歴史がわかってきたのである。

　島の南西部にはバームクーヘンとも呼ばれる降下火砕物や溶岩が都道沿いに600 mも続いて露出する地層大切断面と呼ばれる露頭がある（Stop 6、写真6）。

　褶曲しているように見えるが、これはもとの地形の凹凸を上空から降り積もったスコリアや火山灰がもとの地形そのまま覆ったことによるものである。ここには100回以上の噴火による堆積物が残されていて、最下部の年代

写真5　伊豆大島温泉ホテル駐車場のテフラ露頭（2006年3月撮影）
ねじり鎌近くの黒いスコリア・火山灰層に挟まれた白い838年神津島噴火火山灰

写真 6 地層大切断面（2012 年 1 月撮影）
約 2 万年間に 100 回以上の大噴火の記録が読み取れる

は約 2 万年前と推定されている。地層切断面の西端付近露頭上部では、S2 の低温火砕流と爆発で吹き飛んだ岩塊がめり込んでいる様子も観察できる。

火と水の出会う場所

　伊豆大島の東側の海岸線には高い海食崖がある。この高い崖は伊豆大島より古い 3 つの火山が侵食されてつくられたものである。南東部の高さ 300 m にもなる海食崖の沖にある筆島は、古い火山の 1 つである（Stop 7、写真 7）。これは、筆島火山の火道が侵食に耐えて残ったもので、対岸の海食崖には筆島火山の断面が露出している。それは、筆島展望台から、火砕岩や溶岩流の成層構造とそれを切る岩脈を遠望することができる。一方、筆島の南側の波浮の町がのる台地は、最近数千年間につくられた溶岩の台地である。激しい海食に耐えて人々の住みやすい低い海岸線を維持するには、数百年に一度は溶岩流が海岸に流れ込む必要がある。噴火は災害を引き起こすが、しかしその噴火が人々の住みやすい土地をつくってもいる。

写真7 筆島（2016年8月撮影）

写真8 波浮港

　海岸線近くで側火山の噴火が発生すると、地下水や海水とマグマが触れて非常に大きな爆発的な噴火（マグマ水蒸気爆発）を引き起こすことがある。伊豆大島南東端の波浮港は、そのようなマグマ水蒸気爆発でつくられた火口跡である（Stop 8、写真8）。この噴火で放出された最大直径1m以上にもなる白っぽい溶岩塊が降り積もった波浮港周辺の堆積物には、先に触れた神津

島838年噴火の白い流紋岩質火山灰が挟まれていて、この噴火が9世紀前半に起きたことがわかる。

　この9世紀の火口跡は17世紀までは海と隔てられた火口湖であったが、1703年の元禄地震の津波で火口南側が崩れ、海と通じた。この部分を掘削して、港に利用しようと努力し波浮港として完成させたのが、秋廣平六（1757～1817）である。波浮港西の展望台には平六の銅像が港を見下ろしている。火口壁に囲まれたこの港は、周辺の漁船が集まる風待ち港としておおいに賑わい、野口雨情作詞の「波浮の港」、川端康成の「伊豆の踊子」の舞台としても知られているほか、文人墨客も多く訪れた。波浮港周辺には、当時の様子を伝える踊り子の里資料館（旧港屋旅館）が整備されているほか、歌碑コースもある。火口壁につくられた急な坂道を歩き、昔の賑やかな暮らしが忍ばれる町並みを見て、"火山島の暮らし"を実感することができる。火と水は時に破壊をもたらすが、人々はそれさえ利用してたくましく生きてきた。

火山島と水

　若い火山島である伊豆大島は、水を通しやすいスコリアや粗粒な火山灰層、割れ目の多い溶岩が山腹表層を構成しているため、地表を流れる川が極端に少ない。伊豆七島に残る水分け神話で「伊豆大島は遅刻して最後から2番目になり、あまり水が貰えなかった」と示されるように、利用できる水源に乏しい伊豆大島では、生活用水の確保が昔から問題であった。昔ながらの古い家屋には、屋根や大きな木に降った天水を集めて溜める天水桶がまだ残っている所がある。これはその厳しい水事情の名残なのである（写真9）。

　元町港の目の前に、ハマンカーと呼ばれる井戸跡がある（Stop 9、写真10）。ここは山腹にしみ込んだ淡水の地下水が、海岸近くで地下水面が浅くなる所につくられた井戸である。伊豆大島の観光ポスターにも登場する「あんこさん」のいでたちは、風が強い伊豆大島で髪の毛を手ぬぐいで押さえ、その頭の上に水桶を"ささいで"歩くためのもの。昭和初期まで毎朝ここで、あんこさんたちが水桶に水を汲み、自宅や職場と往復していたのである。現在、井戸は塞がれているが、若い火山島特有の地下水事情と、それを反映した往時の生活が偲ばれる。大島の集落にはここ以外にも ハマンカーや水神

写真9 木（シデ）を使った集水装置（2012年6月撮影）
樹幹流を生活用水として活用していた（郷土資料館屋外展示）

写真10 元町のハマンカー（浜の川）跡（2016年9月撮影）
元町に残る海岸付近の地下水を利用するためにつくられたハマンカー（浜の川）跡

様、民家に残る井戸と呼ばれる天水をためる瓶などが残っている。郷土資料館のガイドや、山頂ジオパーク展のガイドの中には、水の苦労を知っている地元出身者もいる。また元町には、藤井工房という島の暮らしぶりを聞くことができる喫茶店もある。大島では昭和後期に徐々に水道が整い、今では水の苦労はなくなったが、地元の人の話から地表に水が溜まらない若い火山島で、工夫をしながらたくましく生きてきた人々の暮らしを、知ることができるだろう。

2013年10月台風26号による土砂災害

　生活用水の不足に悩まされてきた伊豆大島であるが、時に自然は普段と異なる、予想を超えた試練を与えることがある。

　伊豆大島元町港に入港すると、元町の東側、大島の緑豊かな山腹斜面が大きく凹んでいるのがわかる。これは2013年10月16日未明に台風26号に伴う豪雨で崩れ落ちた斜面である。伊豆大島元町では10月14日の降りはじめ

からの総雨量824 mm、特に15日深夜から16日午前5時ころまで時間雨量最大140 mmを越えるような猛烈な雨が続いた。表層を覆う火山灰層は、水を通しやすい火山灰と、やや水を通しにくい土壌（レス）層が重なっている。普段は水はけが良い伊豆大島であるが、火山灰層への水の浸透能力を超える豪雨だったため、火山灰層が水で飽和して斜面を滑り落ち、ラハール（泥流）が発生したのである。発生したラハールは流木を巻き込みながら、元町神達地区などを襲い、36名の方が亡くなられ、いまだ3名の方が行方不明となっているなど、大きな被害をもたらした。

　崩壊した斜面には、2014年11月、東京都により緑化のための植物が航空実播され、現在は草木に覆われている。緑化が進む前は、あちこちに滑り落ちた火山灰層とその下の滑り台のような土壌（レス）層を見ることができた（写真11）。ラハールで侵食されてあらわれた露頭の調査からは、古いラハールの堆積物がいくつかあることがわかった。

　多くの島民の「水はけが良い島」という認識は、この台風26号による土砂災害で、大きく変化することとなった。土砂災害後、私たちは改めて「自分の住む場所がどのような場所で、どういう危険があり、それにはどう住まな

写真11　2013年崩壊跡（2013年10月撮影）

ければいけないか」を学びはじめている。島を歩けば自然に目に入る土砂崩れの跡から、大島を訪れる皆さんとともに、地球の上で暮らすということの意味を、考えていきたいと思っている。

（川邉禎久・西谷香奈）

【参考文献】
・一色直記（1984）「大島地域の地質．地域地質調査報告（5万分の1地質図幅）」地質調査所
・川辺禎久（1998）「伊豆大島火山地質図」地質調査所
・中村一明（1978）『火山の話』岩波新書
・樋口秀司（2010）『伊豆諸島を知る事典』東京堂出版

【問い合わせ先・関連施設】
・伊豆大島火山博物館
　東京都大島町元町神田屋敷617　☎ 04992-2-4103
・大島町郷土資料館
　東京都大島町元町字地の岡30-5　☎ 04992-2-3870
・伊豆大島ジオパーク推進委員会
　東京都大島町元町1-1-14　大島町政策推進課内　☎ 04992-2-1444
　http://www.izu-oshima.or.jp/geopark/

【注意事項】
・登山の際には、足場が悪いので、動きやすい服装、歩きやすい靴など軽登山の準備が必要です。
・悪天候時には迷いやすいので、地図やハンディGPSなどを携行してください。できれば現地に精通した自然ガイドとともに行動することをお勧めします。

【2.5万分の1地形図】
「大島北部」「大島南部」

【位置情報】
Stop 1 : 34°44'15"N, 139°22'47"E　　御神火茶屋
Stop 2 : 34°44'16"N, 139°22'48"E　　山頂ジオパーク展
Stop 3 : 34°44'06"N, 139°23'07"E　　三原山登山道
Stop 4 : 34°43'48"N, 139°23'30"E　　三原山登山道
Stop 5 : 34°43'34"N, 139°23'33"E　　火口展望台
Stop 6 : 34°42'11"N, 139°22'22"E　　地層大切断面
Stop 7 : 34°42'23"N, 139°26'43"E　　筆島
Stop 8 : 34°41'14"N, 139°26'25"E　　波浮港
Stop 9 : 34°44'58"N, 139°21'12"E　　ハマンカー

❷ 茨城県北ジオパーク

新常陸国風土記を旅する

図1 茨城県北ジオパークの地形とStop位置図
北海道地図株式会社ジオアート『茨城県北ジオパーク』をもとに作成

ジオツアーコース

Stop 1：	関東**平野**と**山地**が出会う所	辰ノ口展望台
Stop 2：	日本三大瀑布	袋田の滝
Stop 3：	日本列島を南北に切る大**断層**	棚倉断層
Stop 4：	日本の富国強兵を支えた**炭田**	常磐炭田
Stop 5：	近代日本の芸術の拠点	五浦海岸
Stop 6：	**異常巻きアンモナイト化石産する磯遊びのメッカ**	平磯海岸

日本最古の地層形成（5億年前）　　アンモナイト繁栄（1億5000万年前～6600万年前）

ジオヒストリー	先カンブリア	古生代	中生代	新生代
（年前）	46億　　5億	2.5億	6600万	500万

写真1 辰ノ口展望台よりの風景　西原昇治氏ほか撮影の写真をパノラマ合成

茨城県北

　茨城県北ジオパークは、関東地方の北東部、関東平野の縁〜関東平野を囲む山地に位置する。その範囲は茨城県中央を東西に流れる那珂川及び水戸市以北、福島県境以南の東西約 50 km 南北約 68 km に及ぶ（図1）。ここには、5億年前にさかのぼる地球の歴史や日本列島の成り立ちを記録した地層や岩石が残され、その地質分布や棚倉断層の存在などによる特徴的な地形がつくられている。人々はこの地の地形・地質的特性にうまく順応しながら利用することで営々とこの地に文化を築いてきた。奈良時代に成立した『常陸国風土記』には、この地域の物産、地理、伝承などについて記述されるなど、歴史的にも興味深い地域である。現在でも、昔ながらの日本の里山や漁村の雰囲気を感じることができる。

棚倉断層活動、水中火山活動活発化
(2500 万年〜 1400 万年前)

新生代

10万　　　1万　　　　　　　現在

太平洋（鹿島灘）に面した茨城県北ジオパークは、過去に津波被害を被っており、2011 年 3 月 11 日の東北地方太平洋沖地震では沿岸部の広い範囲が津波被害に遭った。津波により、五浦海岸の国有形登録文化財である六角堂は消失したが、茨城大学などの努力により 2012 年に再建された。この地域では、現在でもなお津波被害からの復興が進められている。

関東平野と山地の出会う所

　水戸を出て 118 号線または JR 水郡線を北上すると、低地から台地、丘陵地、そして山地へと地形が移り変わっていくのがわかる。その途中、平野と山地が出会う場所、関東平野の縁で阿武隈山地との境界に位置しているのが大宮段丘ジオサイトである。ここでは、山地が平野に変わっていく様子が見て取れる。大地は、河川や風雨の影響でどんどん削られていく。削られて低くなった場所や大地の動きにより沈降した場所には土砂がたまり平らな地形をつくる。海水面が上下したり、大地が隆起したりすると、河川は土地をより下方に削り込んでいき、かつて削り込み平らにした土地のさらに一段下に平らな土地をつくる。こうしてできる階段状の地形を河成段丘という。ここでは茨城県北ジオパークを南北に流れ、日立市と東海村の境で太平洋に注ぐ久慈川がつくり出した河成段丘などの地形を見ることができる。久慈川沿いにある辰ノ口展望台（Stop 1）に上ると、眼下に現在の久慈川とほぼ同じ高さの低地、そして一段高い位置にある台地、さらにその背後に連なる山地を一望することができる（写真 1）。よく見ると、低地には水田が、台地には畑作地や住居があることに気が付くだろう。地下水位が高く、水につきやすい低地は稲作に適しており、水はけが比較的よく洪水の被害にあいにくい台地の上には、野菜を育てたり住居を構えたりするのに適している。葉菜や根菜は、水分量が多すぎると根腐れしてしまうのである。長い歴史の中で、ここに暮らす人々が大地の性質を学び、うまく利用して生活してきたことがわかる。

日本列島を南北に切る大断層が残した爪痕と袋田の滝

　大宮を過ぎると周辺は低い山に囲まれた山間部に変わっていく。鉄道、国道ともに久慈川に沿って何度も蛇行を繰り返す。こうしてたどり着くのが日

写真2 袋田の滝 (2008年6月撮影)

本三大瀑布の1つにも数えられている袋田の滝である (Stop 2)。この滝は黒い岩肌を滑り台のように岩に沿って流れ落ちるのが特徴である (写真2)。

　この滝の形や、ここに滝ができた理由を理解するには少し時間をさかのぼる必要がある。2500万年前から1500万年前ころ、日本列島は激しく動いていた。ここより西では日本海が開き、糸魚川のある辺りではフォッサマグナという大きな凹みができていった。そんな時代、ここでは棚倉断層という日本列島を南北方向に断ち切る大断層の活動により大地に凹みができ、湖のある低湿地→陸上での大規模火山活動→扇状地→浅海→海底火山活動と著しい環境変遷が起こったのである (図2)。

　袋田駅を出て袋田方面に歩く。途中、道路沿いの崖や川の底を見ると、形や大きさの違うごつごつした石ころがたくさん入り混じった礫岩があることがわかる。これらは1700万年前に、棚倉断層がつくった大地の大きな凹み

に勢いよく流れ込んだ土石流の堆積物である。河童の休み岩といわれる場所では、河童が座り休んでいそうな雰囲気のある大岩が川底に鎮座している。これはこの川の流れで転がってきたものでなく、地面につながった地層の一部である。このような大きな礫が流されたことからもそのエネルギーの凄さがわかる。この時代、この周辺では火砕流を発生させるような大規模な火山が活動し、雨が降るとしばしば土石流が発生していた。その後火山活動はおさまり、周囲は河川が流れるような環境から浅い海の環境へ変化していく。浅い海であったこと

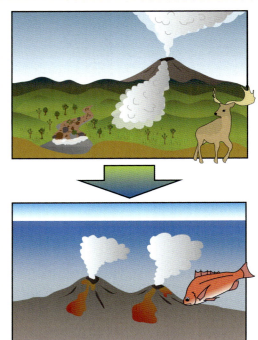

図2　袋田の滝周辺における約1500万年前ころの環境変遷
陸の時代から海の時代、そして海底火山の活動へと変化していく

は、斜交層理の地層からわかる。そしてこのサイトのクライマックスが袋田の滝である。

　観瀑台に上がり滝を見る。黒い岩の滑り台を水が幾筋にもなって滑り降りている。黒い岩をよく見ると、それは一枚岩ではなく角張った黒い岩がたくさん集まってできていることがわかる。これは、実は水中に噴出した溶岩が水により急激に冷やされバリバリに割れたものが集まり、長い年月をかけて固まったもので、専門用語でハイアロクラスタイトという。この岩は、1500万年前の火山の痕跡である。現在は火山のない茨城県に火山が、しかもこれほどまでに立派な海底火山があったとは驚きである。この袋田の滝の黒い岩石は硬く、河川や風雨による侵食に耐える。一方で周辺にある砂岩や礫岩などの地層は比較的柔らかいために削られていく。こうして削り残され、ダム

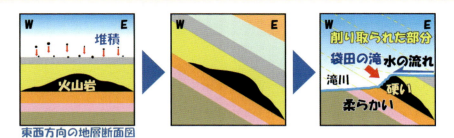

図3 袋田の滝のつくられ方

の堤体のようになって滝がつくられた（図3）。この黒いハイアロクラスタイトは、硬いと言っても溶岩の一枚岩などに比べると柔らかい。そのため、長い年月をかけて少しずつ表面が削られ、黒い岩肌を滑り台のように岩に沿って流れ落ちる滝ができあがった。これが、華厳の滝や那智の滝のように垂直に落下する滝との違いである。

　この地域の地史を整理してみると、次のようになる。川底などで見られたような砂岩や礫岩が堆積した後、この地で海底火山が噴火する。この海底火山が活動を終えると、火山は砂や泥で埋まる。その後、長い年月をかけて袋田周辺の大地は傾き陸地化、大地を川が削るが、袋田の黒い石は硬く削られにくいため滝となった。

　このダイナミックな風景をもたらした原因ともいえる棚倉断層は、現在も地形として地表にあらわれている。袋田の滝から国道461号でさらに上流（東）に進み、国道461号に沿って右折ししばらく行くと、両側に山が迫った谷を道がまっすぐ進むようになる（Stop 3）。これが棚倉断層に沿ってできた谷で、国道461号から県道33号へと南へ向かってまっすぐ続いている。特に谷の西側には急斜面が続くが、これは断層崖と呼ばれる断層に沿ってできる崖で、西側にある袋田の黒い石と同じ岩石がとても硬く侵食に強かったために現在も残っている。

　棚倉断層がつくり出した凹みは実はとても大きく、南は先に通過した常陸大宮から北は福島県南部にまで達している。周辺は比較的なだらかな山地や小さな谷底平野が広がり、昔懐かしい雰囲気を有する里山になっている。袋田の滝のすぐ北西に位置する大子町は、周囲を山に囲まれており、その周辺

写真3 八溝山地の山容（池田 宏、2003年2月撮影）

や久慈川沿いのなだらかな丘陵では水はけが比較的よく、お茶やリンゴ、ソバなどが栽培されている。久慈川をさかのぼり、支流の八溝川をさらに進むと山容が今までより急峻になり、八溝山に達する。八溝山周辺は付加体という地層からできている。この地層は、日本列島形成以前の恐竜たちが闊歩していた1億8000万年前のジュラ紀のころに、海洋プレートの上にプランクトンなどの生物の遺骸などがゆっくりと降り積もった後、それが海洋プレートの大陸プレート下への沈み込み、大陸プレートのへりにはぎとられたものがくっついたものである。比較的、硬い地層からなっているので八溝山地は比較的急峻な山容となっている（写真3）。

日本の富国強兵を支えた炭田

今まで内陸のサイトを見てきたが、次に阿武隈山地を越えて太平洋側に移動してみる。大子町から太平洋側までの移動に鉄道はなく、比較的急峻な山道を車で移動することになる。この南北の移動に比べ東西に移動しにくいのも、南北方向へ連なる断層や地質構造のためである。ここは移動の大変さを

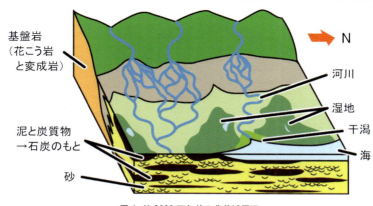

図4 約3000万年前の北茨城周辺

嘆かず地球の偉大さと寛容に受け止めていただきたい。

　袋田の滝ジオサイトから国道461号線を使い東に進み、渓谷の美しい高貫渓谷ジオサイトを過ぎると海側に傾斜したなだらかな丘の上に出る。ここ周辺が日本の富国強兵を支えた常磐炭田が分布する所であり、その範囲は福島県のいわき市周辺にまで及ぶ。石炭の採掘はすでに終了しているが、周辺には当時稼働していた鉱山跡などが産業遺産として点在している。その中の1つ、常磐炭田では、当時の炭鉱ホッパー跡や石炭層などを観察することができる（Stop 4）。

　茨城県北から福島県南東部にかけての常磐地域には、「石炭」を含んだ地層が分布している。今から3500万〜3000万年ころ前、北茨城周辺は海岸沿いに豊かな森や湿原が広がり、その中を川が流れていた（図4）。繁茂した植物はやがて地下で炭化し、石炭となった。その石炭の層が県道10号線のバイパス沿いなどで見ることができる。

　かつて常磐炭田の石炭は重要なエネルギー源として日本の発展を支えた。常磐炭田の石炭は硫黄を含むあまり品質の高くないものであったが、首都圏に近い炭鉱として需要が高まり、常磐炭田地域は大いに栄えた。周辺には石炭の積み出しをした重厚なコンクリート施設や鉄橋などの石炭を運んだ貨物線の跡が散在している（写真4）。

写真 4　中郷鉱跡（2009 年 7 月撮影）

芸術の拠点五浦海岸

　近代化産業遺産を堪能した後は五浦海岸（Stop 5）へ行って日本の芸術に触れてみよう。五浦海岸は「茶の本」で有名な岡倉天心ゆかりの地である。岡倉天心は 1898（明治 31）年日本美術院を創設し、革新的な日本画を世に送り出していた。1905（明治 38）年には横山大観らを呼び寄せて日本画の近代化を目指し美術活動を展開した。その活動拠点が五浦海岸である。同年にはこの地に邸宅と六角堂を建設した。それでは、岡倉天心はなぜこの地を美術の拠点にしたのだろうか。

　六角堂の前面に広がる岩礁には、円柱状の岩石から成る不思議な造形が林立している（写真5）。この奇岩の成因は、次のように考えられている。五浦海岸は大昔、1700 万年前ころは深い海の中だった。当時、海底ではメタンを含む冷水が湧出しており、その通り道付近の地中ではちょっと変わった現象が起きていた。冷水中のメタンがバクテリアによって分解され炭酸水素イオンが発生、それが間隙水中のカルシウムイオンと反応して海底の砂や泥が局所的に強く固まってできたのがこれらの奇岩であると考えられている（上田ほか 2005）。こうした現象は、炭酸塩コンクリーションと呼ばれている。その後この一帯は大地の変動によって海から姿をあらわし陸地になり、それ

写真5　五浦海岸の六角堂（2008年3月撮影）

が波の力で削られ、岩礁や崖ができて変化に富んだ美しい景色をつくった。特に、かつてメタン冷湧水の通り道だった付近でできた炭酸塩コンクリーションは硬く、削られずに残り円柱状に残されたのである。これはいわばメタンハイドレートの化石であり海食台の上に露出する例はほかの地域では見られない。

　かつて岡倉天心は六角堂において太平洋のパノラマを眺めながら茶をたしなんだ際、眼前に広がる円柱群を中国の「太湖石」になぞらえたのかもしれない。そうならば、まさに五浦海岸は地球の活動と芸術が交差するサイトである。是非雄大な風景を眺めながら芸術的な感覚を楽しんでもらいたい。

異常巻きアンモナイト化石産する磯遊びのメッカ

　五浦海岸から、海岸沿いに走る国道6号線や常磐線を一気に南下する。このルートは江戸時代には岩城相馬街道といわれ、かつて水戸街道と合わせ仙台ー水戸ー江戸を結ぶ要路であった。途中には5億年前の岩石が露出するとともに日本の近代化を支えた銅山跡のある日立、さらに南下すると台地の上

写真6 平磯海岸の鬼の洗濯板（2008年12月撮影）

写真7 白亜紀末期の異常巻きアンモナイト（茨城大学理学部所蔵）
ディディモセラス・アワジエンゼ

でのサツマイモ栽培、そして干しイモ生産が盛んな東海村があり、そこから海岸方向へ東に進むと波食棚が広がる平磯海岸に到達する（Stop 6）。ここの地層は、恐竜が生息していた白亜紀に海底にたまった泥からできている。

　北部には鬼の洗濯板のような、硬い部分が飛び出し、柔らかい部分が削られへこんだギザギザの地形が広がっている（写真6）。この鬼の洗濯板をつくる岩は海の中の斜面を土砂が流れ下りたまったもので、専門用語でタービダイトという。この周辺からは白亜紀末期の異常巻きアンモナイト（写真7）

図5 白亜紀の平磯海岸

や翼竜、モササウルスなどの化石が見つかっており、恐竜が生きていた時代の海の様子をうかがい知ることができる（図5）。波が穏やかな日、一帯は磯遊びの最高の場所になり、タイドプールをのぞいてみるとさまざまな生き物たちを観察することができる。付近には海岸に並行するようにのどかなローカル線の、ひたちなか海浜鉄道が走っている。気動車に乗って旅の風情を楽しんで見るのも良いだろう。

新常陸国風土記

　茨城県北ジオパークでは、ここで見ることのできる地球の歴史を21世紀「新常陸国風土記」というジオストーリーに仕立てて解説している。ストーリーは茨城県北ジオパークを宇宙的観点から見た序章からはじまり、時代ごとに全5章からなる。各ジオサイト（以下GS）はそれぞれの章に位置づけられている。各章を簡単に紹介したい。

第0章 銀河系の中の常陸国

　宇宙的な規模で自然をとらえてもらうため、序章として銀河系のどこに常陸国が位置しているのかを理解する。私たちは天の川として見ることができる銀河系の中に位置する1つの惑星である地球に住んでいる。高萩市の茨城大学宇宙科学教育センターには、高感度の電波望遠鏡が設置されており、宇宙研究の拠点となっている。ここでは観星会なども開催されている。（茨城大学宇宙科学教育センターGS）

第1章　古生代の常陸国

　常陸国は、5億年前にゴンドワナ大陸の東の縁に火山弧として誕生した。その後、大陸の一部となった時期や、海面下に沈んだ時期があった。そのころの岩石が日立ジオサイトで見ることができる。また、このサイトには日本四大銅山であった日立鉱山跡がある。日立鉱山の歴史は現在の工業都市である日立や技術立国日本につながっている。（日立GS）

第2章　中生代の常陸国

　常陸国は新しい大陸パンゲアの一部となった。パンゲア大陸の縁に、海底の移動にともなって運ばれてきた堆積物と陸から運ばれてきた岩石や堆積物がかき寄せられて張り付いた。これらのうち、あるものは地下深くにおいて高い圧力と温度のもとに変形して、日本列島の土台となった。この時代は恐竜の時代でもあり、常陸国では海でアンモナイトやモササウルスなどが泳いでいた。（花貫渓谷GS、八溝山GS、平磯海岸GS）

第3章　前期新生代の常陸国

　常陸国の現在の地形がつくられはじめた時代。この時代に日本列島は大陸から切り離され、現在のような形になった。常陸国では断層が大きく動き、内陸部には大きな凹みができた。凹みの周辺やその中では激しい火山活動が起きていた。（五浦海岸GS、袋田の滝GS、棚倉断層GS、常磐炭田GS、大洗海岸GS）

第4章　後期新生代の常陸国

　地球の気候変動にともなって海面が上下し、その結果、現在の特徴的な地形が形成した。人々はこの地の地形・地質的特性にうまく順応しながら利用することで、この地に文化を築いてきた。（大宮段丘GS、水戸千波湖GS）

茨城県北ジオパークで学べる事
－大地の動きでつくられるさまざまな地質・地形と人の共存－

　ここまで複数のジオサイトを巡ってきて、地質についてまじめにじっくり考えてきた人は情報が多く、疲れているかもしれない。5億年前から現在まで、継続的ではなく断続的に起こっている数々のイベントの証拠が残っており、それにより地域ごとに異なった地質・地形的特徴が生まれている。茨城県北ジオパークに住む人たちはこの複雑さに見事に順応し、利用して生活し

ている．それを理解するために、ジオパークのインタープリターなど地元の人と話をし、五感で感じていただきたい。　　　　　　　（松原典孝・天野一男）

【参考文献】
- 上田庸平・ジェンキンズ, ロバート G・安藤寿男・横山芳春（2005）常磐堆積盆外側陸棚におけるメタン起源の炭酸塩コンクリーションと化学合成群集：茨城県北部中新統高久層群九面層の例. 化石 78, 47-58.

【問い合わせ先】
- 茨城県北ジオパーク推進協議会事務局
  茨城県水戸市文京 2-1-1 茨城大学社会連携センター内　☎ 029-228-8825/8781
  http://www.ibaraki-geopark.com

【関連施設】
- 菊池寛実記念高萩炭鉱資料館
  茨城県高萩市高萩 624　☎ 0293-22-2150
  開館日：土、日、祝祭日（曜日にかかわらず事前予約日は開館、10 名以上要予約）
  http://www.takahagitanko.org
- 茨城大学五浦美術文化研究所
  茨城県北茨城市大津町五浦 727-2　☎ 0293-46-0766　休館日：月曜日
  http://rokkakudo.izura.ibaraki.ac.jp

【注意事項】
- 各ジオサイトの見学案内として地質観光マップが配布されています．本章で紹介した袋田の滝、常陸太田、八溝山、常磐炭田ジオサイト、平磯海岸などのジオサイトを巡るときに、ご活用ください．https://sites.google.com/site/geonavipj/map
- 鳥の目線で見た茨城県北ジオパークの映像がインターネットで公開されています．
  https://www.youtube.com/watch?v=hdVyb2OewgU
- ibarakiebooks のサイトから、ジオサイトマップなどのダウンロードできます．
  http://www.ibaraki-ebooks.jp/?page_id=3173

【2.5 万分の 1 地形図】
「山方（やまがた）」「ひたちなか」「勿来（なこそ）」「大津（おおつ）」「磯原（いそはら）」「大中宿（おおなかじゅく）」「袋田（ふくろだ）」

【位置情報】
Stop 1：36°35'38"N,　140°25'24"E　　　　辰ノ口展望台
Stop 2：36°45'52"N,　140°24'25"E　　　　袋田の滝
Stop 3：36°47'09"N,　140°28'50"E　　　　棚倉断層
Stop 4：36°46'03"N,　140°41'30"E　　　　常磐炭田
Stop 5：36°50'00"N,　140°48'11"E　　　　五浦海岸
Stop 6：36°21'32"N,　140°37'01"E　　　　平磯海岸

東日本大震災から学び、復興をめざす

　2011年3月11日の東日本大震災では、茨城県北地域も被災地域となった。津波などの直接的な被害に加えて、福島第一原発震災に伴う観光への打撃も大きなものがあった。ジオパーク活動の展開により、震災からの地域の復興も果たしたいという思いで、産官学民の連携による活動が進められてきた。また、自然災害を学ぶ場としてジオパークを位置づけ、将来の防災に寄与するための活動も行われている。

　五浦海岸は東日本大震災の時に、大きな被害を被った。六角堂は、津波によって流出してしまった。震災直後に茨城大学東日本大震災調査団により、被害調査がなされた。六角堂周辺での浸水高は7.3 mであったが、その上の天心旧居まで浸水しており、そこの浸水高は10.7 mであった。一方、その南西方1.5 kmに位置する大津漁港での浸水高は約4 mであった。近接地域でありながらこのように大きな違いがでるのは、それぞれの場所の地形の違いに関連しているものと考えられる。大津漁港では、海岸は長くのびているが、六角堂近辺から北方は、地名の通り5つの入り江が発達している。地形的には、小型のリアス海岸のような様相を呈していた。わずかな地形の違いでも津波災害は大きく異なっていたのである。ここでは、震災時の浸水域と地形を確認することでき、津波災害と地形との関係を学ぶことができる。普段から地形に注意を払うことが大切であることを伝える場所となっている。

　六角堂は、北茨城地域の観光の1つの大きな拠点であった。震災とそれに続く福島第一原発の事故に伴う観光客の激減による経済的な打撃から立ち直るためには、六角堂の復興は極めて重要な課題であった。その復興の過程では、茨城大学が中心となって復興事業を実現させていった。ジオツアーとも関連させながら、各種のイベントを開催したことが功を奏したと思われる。

（天野一男）

 洞窟

　洞窟とは何かという問いに答えるのは難しい。トンネルや鉱山のように人工的に掘られたものは洞窟といえるだろうか。ねずみのような動物しか入れない小さな穴は、洞窟なのだろうか。White and Culver（2012）には、洞窟とは「自然にできた地球の空洞のうち、人間が入ることができるもの。または人間が洞窟と呼ぶことを選択したもの」と定義されている。基本的には、人工物や人の入れないものは洞窟とは呼ばないが、これらのうちでも例外的に人間が慣習的に洞窟と呼んでいるものがあるということである。

　洞窟は成因によっていくつかの種類に分類できる。一般的なものとしては、石灰岩の中にできる石灰洞、波力によってできる海食洞、火山噴火に伴ってできる溶岩洞窟などがある。この中で最も一般的なものが石灰洞で、鍾乳石などが発達することが多いため鍾乳洞などとも呼ばれる。石灰洞は、土壌中の二酸化炭素が雨水に溶け込むことで酸性化し、石灰岩を化学的に溶解することで形成される。日本で、観光洞窟などとして営業されている洞窟は、ほとんどが石灰洞である。

　洞窟は、地表と違い非常に特殊な環境である。重要な特徴としては、1）暗闇である、2）気温は地域の年平均気温に一致し、湿度はほぼ100％で年間を通じて気温・湿度が一定、3）二酸化炭素濃度が季節変動する、4）有機物が非常に少ない、といったことが列挙できる。洞窟が貴重な生物の生息場所となったり、科学研究に利用されるのは、上に列挙した特徴が保たれているからである。近年では、洞窟は古い気候情報を記録している保管庫として、世界的に注目が集まっている。

　ジオパークは持続可能な開発と保全を目指しているが、洞窟に関していえば、少なくとも国内においては、まったく「持続不可能な」開発しか行われていない。観光洞は、ライトアップによって本来ないはずの光が常に溢れているばかりでなく、入洞者数を制限していないので、オーバーユースにより、気温の上昇、乾燥化、富栄養化、二酸化炭素濃度の上昇が進行しており、前述した1）〜4）の特徴は、観光洞においては完全に破壊されてしまっている。最近になって、いくつかの観光洞では、照明のLED化を進め気温上昇や乾

燥化を防ぐための取り組みがなされている。しかしその効果は不十分であるし、そもそも光を当てるという行為には変わりはない。

環境保全、持続可能な利用という考え方が社会に普及してから年月を経ているにも関わらず、洞窟において保全がまったく進んでいないのは、主に洞窟環境に関する科学的理解が進んでいないことに原因があると思われる。前述した1）〜4）の洞窟の特徴に関して、研究者でさえ十分に理解できていない現状がある。そのため、洞窟を保全しようとしても、そもそもどういう環境を保全しなければならないのか

写真1　鍾乳石の縞模様（2010年4月撮影）
鍾乳石には年輪に似た縞模様があり、各層には過去の気候情報が記録されている

写真2　ライトアップによってコケが繁殖してしまった洞壁
（2007年9月撮影）

さえ共通認識が得られていない。保全対象をきちんと理解しないまま、保全を行おうとしても無理な話である。

欧米と違いケイビングがスポーツとして普及していない日本では、一般の人々にとって、洞窟と言えばライトアップされた観光洞のことである。一般の人は、自然洞窟に触れ合った経験がないため、観光洞を見た時に、それが破壊されてしまった洞窟であり、本来の姿ではないことを認識できない。洞窟保全が社会的な理解を得るためには、多くの人々に洞窟本来の姿を認識し

てもらう必要がある。

　これから先、洞窟の保全と持続可能な利用を実現していくために、取り組むべきこととして、3つの提案をしたい。
1. 洞窟環境に対して、観光利用が与える影響を専門家とともにモニタリングすること。
2. 観光利用する洞窟と、保全する洞窟を明確に区別し、それぞれの保全措置をとること。
3. 自然洞窟と触れ合う探検ツアーを実施し、一般の人に自然洞窟を体験してもらうこと。

　特に、観光利用のモニタリングは重要で、データを蓄積、分析することによって、保全と利用とのバランスが取れる適切な利用規模を明らかにすることができる。そうした取り組みをすることによって初めて洞窟の持続可能な利用が可能となる。洞窟保全を進めていく上で、地元住民と観光業者と研究者とを結ぶジオパークのネットワークが、重要な役割を果たすことになるだろう。

　観光洞窟へ行ったら、景色を楽しむと同時に、ライトアップなどの観光利用によって、洞窟環境がどのように変わってしまったのかを考えてみてほしい。洞窟保全が進んでいないことは問題ではあるが、観光洞窟は、自然環境の保全と利用を、体感して考えることができる、貴重な教材であるともいえる。さらに、関心があったら自然の洞窟にも足を伸ばしてみてほしい。秩父や群馬などでは自然洞窟の探検ツアーが行われている。ライトを消した洞窟でしか体験できない本当の闇がそこにある。聞こえるのは滴り落ちる水音だけ。自然の洞窟は、人間が知っているのは地球の表面のわずかな部分だけで、地下には人間が侵入できない別世界があることを、我々に教えてくれる。

（長谷川　航）

【参考文献】
・White, W. B. and Culver, D. C.（2012）Cave, Definition of. Encyclopedia of Caves, second edition. Academic Press.

❸ 下仁田ジオパーク

ネギとコンニャク、ジオパーク

図1 下仁田ジオパークの地形とStop位置図
北海道地図株式会社ジオアート『下仁田ジオパーク』をもとに作成

ジオツアーコース

Stop1：下仁田ネギを生みだした大地　　　馬山**丘陵**
Stop2：**旧石器、縄文人**が眺めた景色　　　下仁田あじさい園
Stop3：動いてきた大地　　　　　　　　　**クリッペ**のすべり面
Stop4：明治の近代化を支える　　　　　　荒船**風穴**
Stop5：レトロな町並み　　　　　　　　　下仁田市街地

大規模火山活動
（950万年〜700万年前）

ジオヒストリー		先カンブリア		古生代		中生代		新生代
（年前）	46億		5億		2.5億		6600万	500万

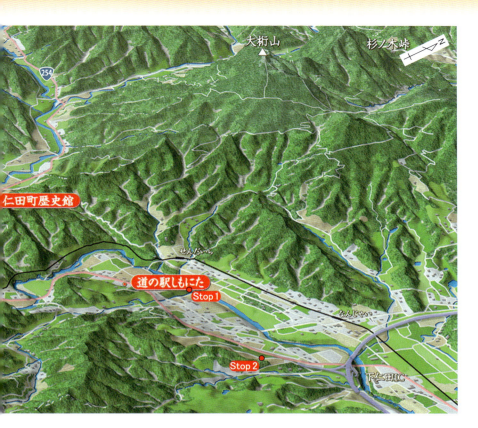

下仁田

　下仁田ジオパークは群馬県南西部に位置する。全面積の85%が山間部で、中心部には鏑川が流れる。下仁田ジオパークは、日本列島誕生の秘密を理解するための地質現象が密集している。そしてこれら大地が急峻な山地や独特な山並みを型づくり、その地形が気候にも影響を与え、この土地ならではの風土を生みだした。

　土地の人々は、急峻な地形に囲まれたこの土地で工夫をしながら、独特の産業を発展させ、歴史を積み重ねてきた。長野と関東を結ぶ街道筋に位置し、古くは旧石器時代から人がこの土地に住んでいる。特に江戸時代には、中山道の脇往還の宿場町として文化と商品がまじりあう地点でもあった。幕末から明治にかけて、養蚕、鉱業、林業、農業など多くの産業が発達した。特に富岡製紙場と絹産業遺産群の1つである荒船風穴は、自然が生み出す冷気を日本最大規模の蚕種貯蔵施設として利用した。当時の絹産業を支えたことが評価され2014年6月に世界遺産に認定されている。

浅間火山の火山灰降灰
（3万年前）

上野鉄道開通
（1897年）

新生代

10万　　　1万　　　　　　　　　　現在

下仁田ネギを生みだした大地

　下仁田ネギ（写真1）は、長ネギとは異なり、白身が太く短く、生では辛みがあるが、火を通すととろりとした食感と甘みがある。この下仁田ネギは出荷までにおよそ14カ月要する。前年10月に種を蒔き、4月と7月に植え替えをし、12月の上旬に霜が降りるようになって出荷できる。以前に、この下仁田ネギを各地で栽培できるように、農業試験場が前橋や長野で試みたところ、同じ形、風味のネギはつくることはできなかった。「下仁田ネギは下仁田におけ」という結果だった。なぜ下仁田でしかつくれないのかはいまだにはっきりしていない。しかし、この土地の土壌、気候にその理由はあるとは推定される。

　現在の下仁田ネギの主要産地である馬山地区は、大地の隆起と鏑川の侵食との繰り返しによってつくられた段丘面上にある（Stop 1、写真2）。段丘崖を見てみると、よく円摩された礫がみられる（写真3）。この円礫は、ここがかつては鏑川の河原であったことを意味する。

　この段丘面で、農家は下仁田ネギを栽培しているが、年によって上の畑と下の畑とでネギのでき方に違いが出るという。上の畑と下の畑との違いは、その段丘面が関東ローム層をのせているかどうかである。最上位の段丘面には、3万年前に噴出した浅間山の火山灰が積もっている。畑には、火山灰に含まれるフレーク状の軽石が散らばっている。それに対して、下の段丘面には、軽石がほとんど散らばっていない。この浅間山の軽石は水をよく吸収する。軽石のある土壌は保水性が良い。その保水性の違いが、下仁田ネギのでき方の違いを生んでいるのである。

写真1　下仁田ネギ（2007年12月撮影）

写真2 ネギ畑(2012年11月撮影)

写真3 馬山丘陵の段丘礫層(2011年1月撮影)

写真 4　下仁田あじさい園（2014 年 6 月撮影）

　また、この段丘面には遺跡が点在している。上信越道下仁田インターチェンジのある下鎌田遺跡でつくられた石器は、鏑川流域下流の遺跡からも発見されている。そのため、ここは石器の生産遺跡だったと考えられている。

　段丘崖は、北向き斜面で眺めも良い。毎年 6 月には、地元の人たちが丁寧に育てたあじさいが見事に咲く（Stop 2、写真 4）。あじさい園の入口からは、昔の溶岩台地である荒船山や、マグマの通り道だったとされる鹿岳など変わった形の山並みが一望できる。旧石器、縄文人も同じような光景を眺めていたのであろう。

動いてきた大地

　下仁田の町中に入ると、小さな小高い山々が隣接している様子を見ることができる（写真 5）。これらの山々は一見変哲もない山のように見えるが、ここには重要な地質現象が隠されている。この山の中の 1 つである御岳は、まるで 2 段重なっているように見える。御岳を登ってみると、途中のホタル山公園付近までは緩やかな傾斜であるのに対して、そこから山頂までは急勾配になる。これは、山の上と下で地質が異なるためである。地質の違いが地形

写真5　跡倉クリッペの山々

写真6　跡倉クリッペのすべり面（2011年3月撮影）

の傾斜にあらわれ、2段重ねの山に見えるのである。

　山の麓の地質は青岩公園でも見られる緑色岩で、三波石の仲間でもある。昔の海底火山の噴出物が地下深くで圧力を受け、押しつぶされてつくられた。そのため平らに割れやすく、石畳状になっている。昔から石碑などによく使われている石である。一方で山の上の地質は、恐竜時代の海の地層であり、別の場所で形成したものが、地殻変動によって動いてきたものである。このように山の上と下で石が違うことから、地元ではこの山のことを根無し山（クリッペ）と呼んでいる。

　御岳の西隣の大崩山は、山は2段重ねの地形になっていない。大崩山では、地質の境界が河床にまで下がっているため、山の地層は、恐竜時代の海の地層である。これらの2つの地層が接するようになった断層運動の実態については、以前から調査が進められているが、未だに明らかになっていない。

大崩山の麓では、地層が動いたときの境目である、衝上断層を見ることができる（Stop 3、写真 6）。境目の真下では青岩が破砕されて粘土化し、その粘土化した層の中に、表面が磨かれた角礫がブロック状に入っている。粘土化して岩盤が脆くなっているので、青岩が削られていて、境目である断層面を下からのぞきこむことができる。この断層面では、岩盤同士がこすれあうときにできたひっかき痕である条線を見ることができる。

荒船風穴と地すべり地の利用

群馬県と長野県の県境に、荒船風穴は位置する（Stop4、写真 7）。世界遺産「富岡製糸場と絹産業遺跡群」の構成資産となっている。この荒船風穴は、日本の山間部に数多くある風穴の中でも、保冷能力が優れており、貯蔵規模が日本最大規模であったことから、当時の絹産業に大きく貢献し、日本の近代化を大きく支えた。

荒船風穴は、山から崩落してきた岩塊の隙間から猛暑日でも約 2 ℃の冷たい風が吹き出している。この冷気の出る一帯を蚕の卵の保管冷蔵施設として 1905（明治 38）年に荒船風穴蚕種貯蔵庫として利用されはじめた。従来、年に一度しかできなかった養蚕業は風穴を利用することで蚕の卵が孵化する時期をコントロールできるようになり、生糸の生産量の増加につながった。

風穴は地すべり地形の末端部に位置し、地すべりによってできた窪地を風穴の 300 m 上流の玄武岩質貫入岩（写真 8）の崩

写真 7 荒船風穴（2013 年 5 月撮影）

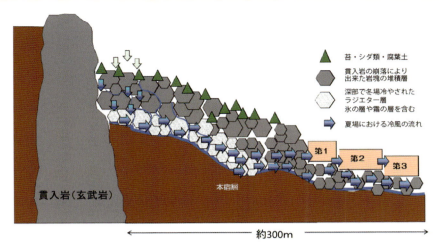

図2 風穴の冷風メカニズム

落岩塊が埋めている。崩落岩塊は風穴のある地すべり末端部で最大で10mを越すものもあり、風穴地下には崩落岩塊層が約20mあることが調査で明らかになっている。

　風穴周辺では、冬に積雪があり、地下では岩塊が冷やされる。春になると雪解け水が地下に供給され、冷やされた岩塊により氷が形成される。風穴内部に外気が入り込むと、その外気は冷やされた岩や氷により冷やされて、崩落岩塊の末端部で冷気として吹き出すわけである（図2）。

　この崩落岩塊の供給源は中新世新第三紀の火成活動による貫入

写真8　貫入岩露頭（2013年8月撮影）

岩で、基盤は当時の火山砕屑物である。火山砕屑物は中新世に発生した直径 10 km のカルデラの火山活動によるもので、荒船山などもその火成活動によってつくられた溶岩台地の名残である。

　風穴内部には、本来、高冷地を好むナヨシダやホソイノデが生息しており、独特の植生環境がつくり出されている。近年、外来種のヒメジオンやハルジオンなどが繁茂するようになった。風穴への来訪者が原因と考えられる。解説員や荒船風穴友の会などによるモニタリング及び除草活動によって、希少植物の保護活動がすすめられている。

　風穴をつくった地すべりは、群馬、長野県境の物見山から東方向へ傾動した大規模な地すべりの一部分である。この本体の地すべりの平坦面を利用したのが神津牧場である。明治 20 年に開業した神津牧場は、開業以降、牛の食べる牧草からつくり、それを牛に与えて、堆肥をまた牧草の肥やしにする資源循環型の牧場経営を行なっている。ここで放牧されているジャージー牛の牛乳からつくられたソフトクリームはおいしいと評判である。

コンニャクのルーツをたどって

　下仁田はコンニャク芋の一大集産地であり、コンニャクの製粉加工所である。それは、コンニャク芋が、山間地の畑でしかつくれないことが理由の 1 つである。さらに、ここがコンニャクを保存加工するのに適した地形だったというのも理由の 1 つである。

　コンニャク芋は、芋の状態での保存が困難であり、これを保存するために、芋を輪切りにしたものを乾燥させ（写真 9）、その乾燥させた荒粉を水車で粉にして保存していた（写真 10）。この地域の水車跡の分布図（図 3）を見ると、水車跡は河川の合流点である青岩公園より上流にしかない。鏑川が急流の小規模河川であったため、水の速さ、水量、水の引きやすさといった、水車をまわすのに適した条件が整っていたのである。現在、コンニャク芋は品種改良され、榛名や赤城などの大規模な火山山麓地帯でつくられているが、製粉加工は現在でも下仁田で行われている。

写真9 荒粉の作成 (写真提供:下仁田町歴史館)

写真10 コンニャク水車 (写真提供:下仁田町歴史館)

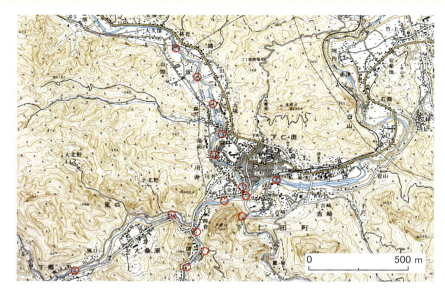

図3 コンニャク水車跡の分布 2.5万分の1地形図「下仁田」に加筆

大地とともに暮らしてきた人々、そしてこれから

　下仁田のまち中には昭和レトロな町並みが残っており、特に飲食店が多い（写真11）。こういった町並みは、明治から昭和前期にかけて、豊富な地下資源や地形を利用した産業で栄えた時代につくられた。当時は労働者がたくさんいたため、下仁田は一大繁華街であった。男性は主に、林業、鉄や石灰の鉱山業などで働いていた。まち中には組合製糸工場の下仁田社もあり、工女さんが働いていた。そのため、化粧品屋が多いというのもこの町の特徴である。

　上信電鉄の前身となる上野鉄道は、下仁田で産出した石灰や鉄鉱石、生糸の運搬などを主目

写真11 下仁田市街地（2007年1月撮影）

的とした鉄道である。地方の民間鉄道にしては 2 番目に古く創業されており、1897（明治 30）年に、高崎－下仁田間が開通したことにより町は大きく発展した。関東の駅 100 選に選ばれており、現在も当時の面影を残したまま、上信電鉄の終着駅として利用されている（写真 12）。

写真 12　下仁田駅（2014 年 8 月撮影）

　下仁田の人々は大地とともに暮らしてきた。来訪の際は、個性豊かで地元が大好きなガイドの話に耳を傾け、その歴史や自然の価値を、知っていただきたい。

【問い合わせ先】
・下仁田町教育委員会ジオパーク推進係
　群馬県甘楽郡下仁田町青倉 158-1 下仁田町自然史館内　☎ 0274-70-3070
　http://www.shimonita-geopark.jp

【ジオパーク関連施設】
・下仁田町自然史館
　群馬県甘楽郡下仁田町青倉 158-1　☎ 0274-70-3070
・下仁田町歴史館
　群馬県甘楽郡下仁田町下小坂 71－1　☎ 0274-82-5345
・下仁田町観光案内所
　群馬県甘楽郡下仁田町下仁田 682（道の駅しもにた内）　☎ 0274-67-7500

【2.5 万分の 1 地形図】
「御代田」「信濃田口」「南軽井沢」「荒船山」「松井田」「下仁田」「神ヶ原」

Stop 1：36°13'29"N，138°48'36"E　　馬山丘陵
Stop 2：36°13'50"N，138°49'14"E　　下仁田あじさい園
Stop 3：36°12'05"N，138°46'36"E　　クリッペのすべり面
Stop 4：36°14'48"N，138°38'06"E　　荒船風穴
Stop 5：36°12'38"N，138°47'12"E　　下仁田市街地

コラム2 地域おこし協力隊

　地域おこし協力隊は、2009（平成21）年に総務省がはじめた事業で、過疎や高齢化が進んでいる地域で、地域外から人材を受け入れ、さまざまな活動に取り組み、各地域の維持、発展をはかることを目的としている。地域おこし協力隊の事業終了後は、それぞれの人に、その地域に定住、定着してもらうことも狙いとしている。協力隊は、毎年1.5倍のペースで増え続け、2015（平成27）年度には、2625人となった。

　地域おこし協力隊の活動は、「地域に協力する活動」を行うことである（写真1）。その活動の内容は、農林水産業への従事、観光振興、地域ブランドを活かした商品開発や販売など、それぞれの地方自治体が必要としていることである。また、具体的なミッションが与えられないフリーミッションの地域おこし協力隊もいて、彼らは、各自で考えて活動を進めている。

　地域おこし協力隊の任期は1年で、最大3年まで更新をすることができる。活動経費として国から年間400万が自治体に支給される。その内訳は報酬が

写真1　小学校での出前授業の様子（2016年7月撮影）

200万円で、残りは住居の借り上げや活動費となる。3年間地域で活動した後、その地域での起業などにより定住・定着することが望ましいとされている。

　現在、各地の日本ジオパークで、ジオパーク活動推進をミッションとする協力隊が増えている。推進協議会の構成自治体が、地域おこし協力隊を雇用し、推進協議会の事務局員（ジオパーク専門員）を担当させている。地域おこし協力隊の中には高い専門性を持っている人もいるため、事務局体制は大幅に強化されることになる。1つのジオパークで3人以上雇用している所もある。

　ジオパークの事務局体制は強化されるが、それは短期的なものである。地域おこし協力隊の3年という任期は、ジオパーク活動の継続性を考える際に、大きな問題となろう。本人のキャリアパスを考える上でも、制度的な改善が必要な面がある。そもそも、地域おこし協力隊は、地域での起業などを視野に入れ活動をすすめていくものである。起業のためには、多くの時間を使い、地域の中でネットワークをつくり、事業実施について試行錯誤をしていく必要がある。しかし、いずれのジオパークも推進協議会の事務局の仕事量は膨大であり、そうした起業に向けての準備をする時間はほぼない。現在まで、ジオパークで働いた地域おこし協力隊が、その職を離れた後に、起業をした例はない。3年の任期が切れると地域から離れてしまうケースも少なくなく、ジオパーク活動のノウハウが継承されにくいという問題も生じている。

　財政状況が厳しい地方自治体において、新たな人材を雇用するのは難しい。ジオパークというこれまでにない事業を進める際に、マンパワーは必要であり、人材不足を解決するための方策として地域おこし協力隊の制度が利用されているのは、必然的なものかもしれない。このような制度があったため、新たな人材がジオパーク活動に取り組むきっかけができており、そうした意味ではこの事業は評価できるだろう。今後は、現在顕在化している問題の解決を図っていく必要があるだろう。

（蒔田尚典）

❹ ジオパーク秩父

歴史的な巡検ルートを訪ねて先人に学ぶ

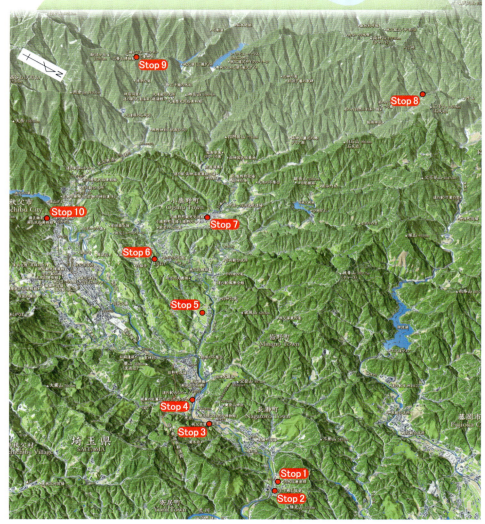

図1 ジオパーク秩父の地形とStop位置図
北海道地図株式会社ジオアート『ジオパーク秩父』をもとに作成

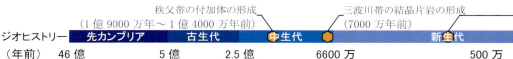

ジオツアーコース

Stop 1：	**洪水への警鐘**	樋口
Stop 2：	古代〜中世の石材利用	樋口
Stop 3：	地形・地質の多様性が生み出す**生物多様性**	長瀞岩畳
Stop 4：	**紅簾石片岩の岩体**	皆野の親鼻橋
Stop 5：	嫁に行くなら太田か蒔田	太田
Stop 6：	埼玉屈指の大露頭	ようばけ
Stop 7：	宮沢賢治の足跡	小鹿野町観光交流館
Stop 8：	**恐竜化石**を見つけよう	山中地溝帯
Stop 9：	先人たちの登山記録	三峯神社
Stop 10：	一味ちがった札所めぐり	秩父札所

　ジオパーク秩父は、埼玉県西部の、秩父市街地が広がる秩父盆地とそれを囲む外秩父・上武・奥秩父の各山地（標高500〜2500 m）からなり、秩父多摩甲斐国立公園や5つの県立自然公園を抱える東西40 km、南北30 kmの広さを持つ、自然豊かな地域である（図1）。山に囲まれ、峠を通じてゆるやかに外部とつながっている秩父の盆地地形は固有の風土や文化を育み、札所めぐりなどの信仰や秩父銘仙などの地場産業を生み出した。

　秩父地域には、石炭紀以降の化石を含むジュラ紀〜白亜紀の付加体とそれらが高圧下で変成した変成岩、豊富な海生動物化石を産する新第三系、多様な鉱石を産する接触交代鉱床、第四紀に形成された河成段丘や鍾乳洞などの地質現象が見られる。中でも長瀞や「ようばけ」は有名である。秩父地域では、1878（明治11）年のE. ナウマンの地質調査やその一番弟子である小藤文次郎（ことうぶんじろう）の変成岩研究を嚆矢として、日本の地質学史上先駆的な研究が行われてきた。また、校外学習などを通じて地質学徒の育成にも貢献してきた。こうした伝統があるため秩父は「日本地質学発祥の地」といわれている。

先人たちの足跡をたどる

　江戸中期には、平賀源内が奥秩父で鉱石を採掘し、石綿で火浣布（かかんぷ）を製作したと伝えられているが、明治から大正にかけて秩父地域を訪れた地質学者は、ざっとあげただけでも、フォッサマグナを調べたE. ナウマン、三波川変成岩を調べた小藤文次郎、山中地溝帯を調べた原田豊吉、秩父盆地の貝化石を

古秩父湾の時代
（1500万年前）

新生代		
10万	1万	現在

調べた横山又次郎、秩父古生層を調べた大塚専一、日本の地質の総括をした神保小虎など、枚挙にいとまがない。横山（1893）の「秩父地質巡検旅行日記」や、神保（1896）の「秩父・甘楽地域11日間地質巡検」、小川琢治（1901）の「秩父巡検所見」には、秩父地域の巡検ルートと観察事項が詳しく紹介されている（図2）。

　宮沢賢治らは、1916（大正5）年に、おそらくこれらの巡検案内を参考にして、熊谷－寄居－長瀞－皆野－小鹿野－三峰－秩父といったルートで巡検をしている。ここでは、そのルートをたどりながら秩父の大地の成り立ちを探り、大地の恵みを活用して営まれてきた人々の暮らしを見ていきたい。

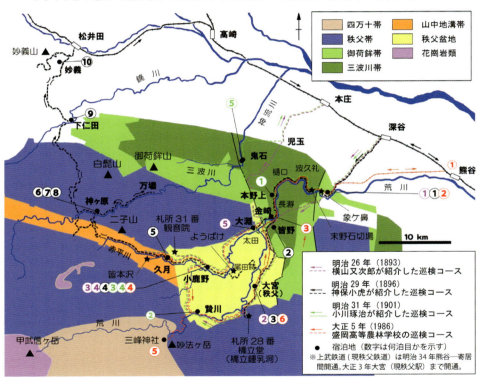

図2　秩父地域の地質図と先人たちの巡検ルート

岩壁に刻まれた"水"の文字が示すもの

　寄居から荒川沿いに上流へ進んで長瀞に入ると、川幅は狭く谷は深くなる。これは、荒川が秩父山地北部の変成岩地帯を侵食したためである。ここは、かつては交通の難所だった。1742（寛保2）年7月、集中豪雨により荒川の水位が長瀞の樋口で現河床より17mも上昇した。秩父山地に降った雨を集めた荒川の水位が川幅の狭い樋口で一気に上昇して大洪水を起こし、周辺地域に甚大な被害をもたらしたのだ。この大増水に驚いた村役人たちが、後世に水害の教訓を伝えるため、到達した水位に「水」の一字を大きく彫り刻んだ岩壁が、現地に残されている（Stop1、写真1）。

写真1　大増水の水位を刻んだ寛保洪水位磨崖標
（2015年11月撮影）

日本一の青石塔婆

　樋口には、日本一の青石塔婆といわれる高さ5.37mの野上下郷石塔婆がある（Stop 2、写真2）。付近の山麓には緑泥石片岩を石材として切り出したと伝えられる跡が残っている。流域の河成段丘面上には、結晶片岩を積み上げた石室をもつ古墳が点在する。板碑とともに、結晶片岩の薄く剝がれやすい性質が巧みに利用されてきたことがわかる。

写真2　野上下郷石塔婆（2015年9月撮影）

生物のすみわけ

　広大な岩石段丘である長瀞の岩畳は、結晶片岩からできている。この岩石は、秩父帯や四万十帯の岩石などが白亜紀末に地下深部へもぐり込み、高圧下で変成したものである。この結晶片岩が、その後隆起して地表へ顔を出し、現在の岩畳となっている。長瀞で観察される岩石は、こうした地下の様子をうかがい知ることができるものである。地球の内部を覗けることに例えて、長瀞を"地球の窓"と呼ぶ人もいる。

　岩畳上には、かつての荒川流路跡が沼となって点在し（Stop 3、写真 3）、露岩、草地、砂地、湿地、沼、林地など、変化に富んだ自然環境がつくられている。岩の割れ目（節理）にはユキヤナギ、フジ、シランなどが根を下ろして色とりどりの花を咲かせ、沼は 30 種類以上のトンボをはじめとする水生昆虫たちの絶好のすみかとなっている。この生物の多様性を生み出している変化に富んだ自然環境は、長い年月をかけて地殻の変動や荒川の水の働き

写真 3　長瀞岩畳上の沼（河跡沼）（2013 年 5 月撮影）

によりつくられてきた、地形・地質の多様性によるものである。

みごとな微褶曲が虎の毛皮を連想させる虎岩を過ぎ、皆野の親鼻橋を渡ると、小藤文次郎が世界で初めて紅簾石片岩を報告した岩体の1つがあらわれる。横山（1893）の旅行日誌にもスケッチが描かれている露頭で、岩体上面には直径2.3 mのポットホールが形成されている（Stop 4）。

地形が助けた米どころ

皆野から荒川を離れて秩父盆地北部を西へ進み、小鹿野へ向かう途中、秩父市太田の水田地帯を通る（Stop 5）。平坦地といえば段丘面上に限られ、谷が深く水を得にくい秩父地域にあって、谷が浅く水を容易に引き込むことができる太田では、秩父市蒔田と並んで水耕が盛んとなった。安定した収穫が見込める米どころは嫁ぎ先として魅力があった。太田では発掘調査により、埋没していた道、水路、溜池の堰堤などの条里制遺構が検出され、古代から組織的、計画的に水耕が行われていたことがわかる（写真4）。

写真4　条里遺構が検出された太田たんぼ（2014年4月撮影）

秩父銘仙が生まれた謎

　水耕に適した土地が限られている秩父地方では、古くから、畑に桑を植えて蚕を育て、絹を織ることが人々の生業だった。江戸時代には、養蚕と絹織物が盛んとなって絹買宿(きぬかいやど)をもつ絹商人があらわれた。明治時代になると秩父絹織物組合が設立されて秩父銘仙が生まれた。解(ほぐ)し捺染(なっせん)という表裏のない染色技法の秩父銘仙は、大正から昭和初期にかけて全国的に人気を博した。

埼玉屈指の大露頭と、確認された宮沢賢治の足跡

　秩父盆地の中央部に位置する小鹿野町の「ようばけ」は、新第三紀の砂岩泥岩互層などが曲流する赤平川に侵食され、幅400 m高さ100 mの断崖をつくっている埼玉屈指の大露頭である（Stop 6、写真5）。「ようばけ」とは、陽の当たる崖を意味する。近くに町立おがの化石館や宮沢賢治らの歌碑もあることから、多くの児童、生徒や愛好家らが訪れる場所となっている。この「ようばけ」を含む6つの露頭と、パレオパラドキシア及び鯨類化石9件は、2016（平成28）年3月に「古秩父湾堆積層及び海棲哺乳類化石群」として国

写真5　赤平川の攻撃面に形成された大露頭「ようばけ」（2009年9月撮影）

写真6 天然記念物化石（埼玉県立自然の博物館蔵）
左上：国指定天然記念物 パレオパラドキシア般若標本
　　　（1999年3月撮影）
右上：国指定天然記念物 パレオパラドキシア大野原標本
　　　（1999年3月撮影）
右下：国指定天然記念物 チチブクジラ（2005年3月撮影）

の天然記念物に指定された（写真6）。日本列島形成期の海成層の露出状態がよく、かつ当時の生物群集や古環境の変遷を示す化石の産出状況が良好であることが評価された。

少し西へ進んだ小鹿野市街地には、宮沢賢治の来訪を展示、紹介する小鹿野町観光交流館がある（Stop 7）。ここは、以前は神保小虎らの地質学者も宿泊した本陣寿旅館として営業していた。最近、1916（大正5）年9月4日に盛岡高等農林学校一行25人が宿泊したことを記した同旅館7代目当主田嶋保の日記が発見されたことにより、宮沢賢治らの宿泊したことが裏づけられた。同日記には、一行が4日の昼前に投宿後、山中地溝帯の皆本沢まで見学に出かけ、翌5日には三峰山へ向かったことも記されている。

恐竜化石を見つけよう

白亜系の模式地の1つとして知られる山中地溝帯は、直線的にのびるV字谷が長野県佐久地方まで続き、武州と信州をつなぐ重要な交易路でもあった（Stop 8、写真7）。地溝帯を流れる河原沢の北側には、石炭紀〜ペルム紀の石灰岩体からなる白石山、二子山、叶山が特異な岩峰を連ねている。山中地溝帯の白亜系からは、群馬県側で恐竜の脊椎の一部や歯の化石が発見されているが埼玉県側では未だ見つかっておらず、発見が期待される。

写真7　群馬－埼玉県境付近上空からみた山中地溝帯（2014年2月撮影）

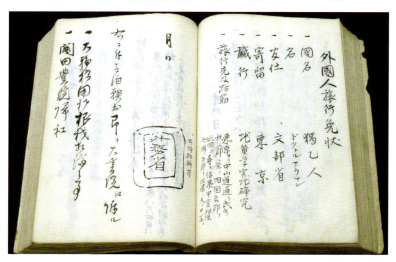

写真8　ナウマンの宿泊記録が残る三峯神社「日鑑」（2016年9月撮影）

三峯神社『日鑑』に残された先人たちの登山記録

　古くは修験道の山として栄えた三峯(みつみね)神社には、1779（安永8）年以来今日まで1年1冊にまとめられた編年体の日誌「日鑑(ひかがみ)」（写真8）があり、1878（明

治11）年7月29日にE.ナウマンが地質学実地研究の名目で関口喜三郎とともに馬2頭で登山し、大書院に2泊して下山したことや、1916（大正5）年9月5日に盛岡高等農林学校の関豊太郎教授と神野幾馬助教授が生徒23名を引率して登峰し、宿坊に1泊して翌日社降したことが記されている。三峰山を下り荒川の深い谷を東へ進むと、秩父鉄道の三峰口駅付近から河成段丘が広がり視界が開ける。正面には石灰岩の採掘により白い肌を見せる武甲山が望める。古くから信仰の山として秩父人の心の支えにもなってきた武甲山は、ジュラ紀の付加体の中にとりこまれた三畳紀の石灰岩ブロックなどからできている。

一味ちがった札所めぐり

秩父札所（三十四観音霊場）は、秩父市街地が広がる河成段丘や秩父盆地の縁に近い場所の急崖、滝、岩窟などの自然地形を巧みに利用して、建物や巡拝道がつくられている（Stop 10、写真9）。境内には、不整合、堆積構造、洞窟、湧水、河川地形、風化によりつくられた地形などを観察できる所も多く、地形や地質を楽しみながら札所をめぐるジオツアーが行われている。境内であるがゆえに貴重な露頭が保全され、学術上重要な不整合露頭が発見された札所もある。

ジオパーク秩父で学べること

多様な地形、地質からなる秩父の大地は貴重な動植物を育み、緑豊かな自然環境をつくり出してきた。この自然環境は人々の暮らしに恵みと潤いをもたらし、秩父盆地を中心に独自の風土と文化を培ってきた。長瀞岩畳で間近に見ることができる地

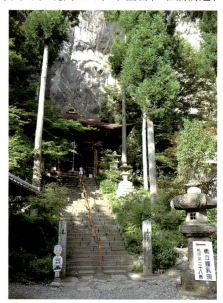

写真9　石灰岩の大岩壁直下に建てられた札所28番橋立堂（2008年9月撮影）鍾乳洞が隣接

形・地質と生物の多様性の関係、太田や蒔田の水田における地形と人の暮らしの関係、水を得にくい段丘地形が生んだ秩父銘仙に見られる地形と地場産業の関係など、ジオパーク秩父で学べることは多い。先人たちの足跡をたどりながら、これらの因果関係を探ることで、さまざまな人々が現地で楽しく学ぶことができる。

（本間岳史・井上素子）

【参考文献】
- 小幡喜一（2006）秩父札所の地学めぐり．地学教育と科学運動 53, 11-22.
- 秩父市・秩父商工会議所編（2009）『やさしいみんなの秩父学［自然編］－ちちぶ学検定公式テキスト』さきたま出版会
- 本間岳史（2011）秩父の大地の魅力－「秩父まるごとジオパーク」へ向けたテーマとストーリーの提案－．埼玉県立自然の博物館研究報告 5, 13-33.

【関連施設】
- 埼玉県立自然の博物館
  埼玉県秩父郡長瀞町長瀞 1417-1 ☎ 0494-66-0407
  http://www.shizen.spec.ed.jp
- おがの化石館
  埼玉県秩父郡小鹿野町下小鹿野 453 ☎ 0494-75-4179
- 秩父まるごとジオパーク推進協議会（秩父市産業観光部観光課内）
  埼玉県秩父市野坂町 1-16-15 秩父観光情報館 2 階 ☎ 0494-25-5209

【注意事項】
- 「長瀞」（荒川沿いの親鼻橋－高砂橋の区間）及び「ようばけ」（赤平川右岸）は、国指定天然記念物に指定されており、岩石等の採集には許可が必要です。

【2.5 万分の 1 地形図】
「三峰」「秩父」「鬼石」「皆野」「両神山」「長又」

【位置情報】
Stop 1：36°08'03"N，139°07'41"E 樋口
Stop 2：36°07'56"N，139°07'18"E 樋口
Stop 3：36°05'41"N，139°06'57"E 長瀞岩畳
Stop 4：36°04'53"N，139°06'34"E 皆野の親鼻橋
Stop 5：36°03'36"N，139°05'01"E 太田
Stop 6：36°01'06"N，139°02'53"E ようばけ
Stop 7：36°01'10"N，139°00'14"E 小鹿野町観光交流館
Stop 8：36°03'33"N，138°50'38"E 山中地溝帯
Stop 9：35°55'31"N，138°55'50"E 三峯神社
Stop 10：35°57'38"N，139°03'40"E 秩父札所

コラム3 テフラ

　火山が噴火すると地下のマグマが地表へと噴き出す。どろどろのマグマが地表を流れると溶岩となるが、爆発的な噴火をするとマグマが粉々に砕けて空中を飛び散ることになる。飛び散ったマグマは、火山ガスと一緒になって噴煙として空高く上昇する（図1A）。火山の噴煙は一見するとただの煙に見えるが、実際にはマグマが冷え固まってできた破片が大量に含まれている。このマグマの破片のうち、2 mm以下の細かい粒子を火山灰と呼び、2 mm以上の粗い粒子で白っぽい色のものを軽石、黒っぽいものをスコリアと呼ぶ。また、これらを総称してテフラと呼ぶ。

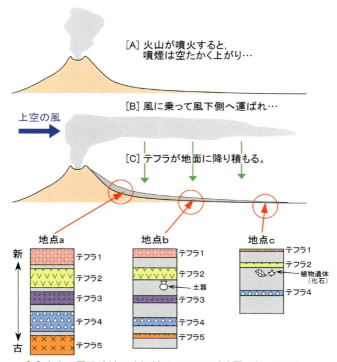

図1　噴火とテフラの模式図

火山山麓では、多数のテフラが厚い地層となって積み重なっている。火山からの距離が離れるほど、テフラは薄くなり、数も少なくなる

大気中に舞い上がったテフラは、風に乗って広い地域に運ばれる性質がある（図1B〜C）。活動的な火山の山麓では、何枚ものテフラが地層をつくっていることが多い（図1Dの地点a）。偏西風が卓越する日本列島では、火山の東側の地域に多くのテフラが降り積もることになる。

日本列島には九州の阿蘇カルデラ、姶良カルデラ、鬼界カルデラ、北海道の洞爺カルデラなど、カルデラと呼ばれる直径2kmを超える火山性陥没地が各地にある。このカルデラは過去の巨大噴火によってつくられたもので、このような巨大噴火で生成されたテフラは日本列島を広く覆っている。特に、阿蘇カルデラの9万年前の大噴火で噴出したテフラ（写真1）は、遠く1700kmも離れた北海道で見つかっている（写真2）。なお、大気中を漂う細粒のテフラは、時には数年間にわたって太陽光線を遮り、気候にも影響を与える。

地層に残されたテフラの分布範囲や噴出年代を調べるのが、テフロクロノロジーという研究分野である。火山から遠く離れた各地の地層からもテフラが見つかることがある。このようなテフラについて、色や粒の大きさといった肉眼での情報のほか、含まれる鉱物や化学組成、火山ガラスの種類や形など、光学顕微鏡や電子顕微鏡などさまざまな分析機器を駆使して研究者はそ

写真1　阿蘇火山（カルデラ）起源の一連のテフラ　大分県竹田市（2005年12月撮影）
上部の厚い火山灰層が、約9万年前の火砕流堆積物（阿蘇4テフラ）

れらの特徴を調べ、それぞれが同じテフラかどうかを確かめる。例えば、図1Dの地点a〜cの柱状図には何層ものテフラが見られるが、そのうちテフラ1、テフラ2、テフラ4が複数の地点に分布することが、詳しい分析で確認できるのである。

図1Dの中で、テフラ2の地層のすぐ下には、地点bでは土器が、地点cでは植物遺体がある。いずれもテフラ2の堆積前に各地点に存在していたものであり、ほぼ同じ時代のものだとわかる。地点cの植物遺体を詳しく分析すれば、当時の植生環境を推定できるし、植物遺体に含まれる放射性炭素

写真2　北海道で見られる阿蘇4テフラ　北海道斜里町（1998年9月撮影）ここでは北海道東部・屈斜路カルデラの噴出物で覆われるため保存状態がよく、厚さ10cmの地層が残されている

(^{14}C)の量を測定すれば、この地層が現在から何年前のものなのか、すなわち絶対年代がわかる。この年代は、テフラ2が噴出したおおよその年代であり、さらには土器の年代をも示すことになる。このように、テフロクロノロジーの研究によって、火山の噴火だけでなく、それに前後して起こったさまざまな出来事を知ることができる。

テフラが何枚も重なった地層はとても美しい。テフラやほかの地層の重なり方、周囲の地形との関係などを観察したら、地層に近づいてテフラを触ってみよう。テフラの色や手触りの違いは、火山活動の形態や火山からの距離などさまざまな条件を反映している。テフラを観察、実感することで、火山活動を繰り返してきた地球の力強い鼓動に思いをはせることができる。

（中村有吾）

❺ 銚子ジオパーク

大地からの豊かな恵みを実感して生きる

図1 銚子ジオパークの地形とStop位置図
北海道地図株式会社ジオアート『銚子ジオパーク』をもとに作成

ジオツアーコース

Stop 1：銚子の醤油産業	ヤマサ醤油
Stop 2：銚子漁港の現在	第一卸売市場
Stop 3：はじめに紀州の海民が定住した場所	飯貝根地区
Stop 4：漁業基地	外川漁港
Stop 5：**付加体**の岩石の採石	満願寺
Stop 6：海鹿島付近の採石	海鹿島
Stop 7：犬吠埼の採石	犬吠埼
Stop 8：長崎鼻付近の採石	長崎鼻付近

ジオヒストリー　先カンブリア　古生代　中生代　新生代
（年前）　46億　　　　5億　　2.5億　　6600万　　500万

愛宕層群の堆積（2億年前）
銚子層群の堆積（1億3000万年前～1億年前）

銚子

　銚子ジオパークは、東京から東に約 100 km、関東平野の最東端に位置し、北は利根川、東から南は太平洋に臨み、三方を水域に囲まれている。利根川河口から君ケ浜、犬吠埼、屏風ケ浦にいたる海岸線は、砂浜あり、岬あり、海食崖ありと、変化に富んだ地形となっている。この銚子の景観は、ジュラ紀から現在にいたるまでの大地の動きによって形成されてきたものである。現代では、全国屈指の水揚げ量を誇る水産業、江戸時代の利根川水運により発展した醤油醸造業、キャベツやメロンなどの農業、風が強いという特徴を生かした風力発電などの産業が発達する。

外川漁港の完成
（1661 年）

新生代

10 万　　　1 万　　　現在

銚子の醤油産業

　銚子を代表する産業は、江戸時代より栄えた醤油産業である。江戸時代初期に始まり、1754（宝暦4）年には、銚子醤油組ができ、11人の組合員を有した。現在でも、ヤマサ醤油やヒゲタ醤油が全国的に知られており、工場が市内にあって工場見学が可能である（Stop 1）。銚子の醤油産業は、この地で、江戸時代から醤油産業が発展したのは、銚子の気候が醤油醸造に適していて、大消費地の江戸まで舟運が利用でき、関東で開発された濃口醤油によって江戸の食文化が発展したからである。

　太平洋に面した銚子は、近隣の内陸地域に比較して、夏涼しく冬温暖な海洋性の気候であり、年間を通じて、麹菌の生育に適しているという条件があったため、良質の醤油が生産された。

　舟運が利用できるようになったのは、徳川幕府による利根川東遷事業による河川改修が行なわれたことが大きい。利根川は、元来、江戸（東京）湾に流れていた。しかし、江戸幕府は江戸を水害から守ること、舟運を発達させるためなどの理由から、河口を香取海（銚子方面）に変えることにした。このことによって、江戸時代には重く大きい醤油樽を高瀬舟で、安価に運搬することができたのである。

銚子の漁港

　銚子漁港には、全国各地からのまぐろはえ縄漁船が停泊している（Stop 2）。第一卸売市場では、マグロ類、カジキ類の競りの様子を見学することができる。第二卸売市場では、まき網漁船の運搬船から、イワシやサバなどの魚をトラックに大量に積み込んでいる場面に出くわす（写真1）。太平洋に面した防波堤の内側にある第三卸売市場では、サンマ、キンメダイ、カツオ、底曳網漁船からのヒラメやホウボウなど200種類もの魚類を見学することができる。銚子漁港は、利用範囲が全国的で、イワシ、サバ、サンマなどの回遊魚の漁獲量が日本国内で最大級の漁港である。

　銚子漁港の漁獲量が多いのは、銚子沖に良好な漁場があることや、大きな漁船が多数停泊できるような漁港が存在しているからだけではない。漁師が

銚子

写真1 サンマの陸揚げの様子（2007年8月撮影）

漁獲した魚を適切に処理する施設や流通体制が整っていることも銚子漁港の特徴である。水産加工会社、冷凍冷蔵施設は、川口町や潮見町に多く見られる。

銚子沖は、日本列島の形の影響を受けて、2種類の海流の影響を受ける（図2）。日本列島の南側を流れる黒潮は貧栄養でプランクトンが少ないために、透明度が高く、青黒く見えることから黒潮と呼ばれている。銚子沖までやってきた

図2 日本の海流

黒潮は、そのまま日本列島を離れて、東方へ流れていく。一方、北海道根室沖から南西方向へ流れる親潮は、東北地方の三陸沖を南下する。親潮は、栄養塩に富んでおり、魚類を育てる親の潮という意味がある。豊富な栄養塩によって、大量の植物プランクトンが発生し、これを求めて、動物プランクトンが集まってくる。これら植物プランクトンや動物プランクトンを求めて、黒潮に乗って暖かい海域からも魚が集まってくる。銚子沖は、黒潮と親潮の両方の影響を受けた世界三大漁場の1つなのである。

銚子の漁業の歴史

　現代の日本では綿の入った布団がよく使われているが、江戸時代には紙や麻でつくられた布団が使われていて、綿の布団は普及していなかった。また、江戸時代は現在より気温が低く、冬は家の中にいても隙間風が入り、暖房器具も不十分であった。そのために綿の布団は、防寒具として需要が高く供給が追いついていなかった。

　江戸時代には、綿の栽培は近畿地方などで行われるようになったが、全国的に見れば生産は十分でなかった。その理由の1つは綿の栽培に、十分な肥料が必要であったが、肥料が不足していたことがあげられる。この問題を解決するため、江戸時代には肥料として干したイワシ（干鰯）が使われるようになった。

　江戸時代に紀州（現在の和歌山県）の海民は、海でイワシを獲っていた。そのイワシは、多くの水揚げ量を誇ったが、まもなく枯渇してしまった。獲れるだけ獲ってしまったためである。その後、紀州の海民は西方へ向かい、四国、九州方面の漁場でイワシを獲ったが、こちらもまもなく枯渇してしまった。さらにその後彼らは、房総沖を目指した。房総沖や銚子は、イワシが豊富にいたため大漁で、枯渇することもなかったので、紀州の海民が毎年同じ季節に旅網としてやってくるようになった。紀州の海民は、小さな漁船で毎年銚子まで往復したが、それには危険が伴った。そのため、紀州に帰らず銚子に定住する人たちが増えていった。

銚子

写真2　銚子石の石垣（目代邦康、2014年3月撮影）

　最初に紀州の海民が定住した場所は、利根川河口付近に位置した飯貝根地区だと言われている（Stop 3）。飯貝根のイガイは大きいことを示し、ネは岩礁を意味する。大きな岩礁のある場所、すなわち好漁場である。この岩礁は、新第三紀に噴出した溶岩である。飯貝根の人口の変化の記録を見ると、1640年ころにはあまり人が住んでなかったが、1720年ころには村全体が1000軒を越えて、「飯貝根千軒」と言われるほどになった。

　太平洋側に面した外川地区でも、漁業基地づくりのために、江戸時代に漁港の工事が始まった。漁港建築の石材として、近くの波止山から切り出した白亜紀に堆積した銚子石が使用された（写真2）。この大きくて重い石を運搬するために、青竹の上に地元産のアラメ（ワカメの仲間）という海藻を敷いて石を移動させやすくした。工事も、地域の恵みを利用したのである。そして、1661年に外川漁港が完成した。その後は、漁師やその家族が住むために、外川街区の工事がはじめられた。街区は、斜面を利用しながら碁盤の目のようにつくられている（Stop 4、図3）。

図3 斜面を利用した外川町の碁盤の目の街区
2.5万分の1地形図「銚子」に加筆

災害よりも海の恵み

　銚子住民が被害を受けてきた災害については2種類ある。1つは、地震・津波災害である。銚子沖のはるか東に位置するプレートの境界で起こる地震・津波である。1677（延宝5）年に、延宝房総沖地震による津波が、銚子に来襲した。古文書には、このときの津波は君ケ浜の松林1万本余りを倒して、小畑池に到達したことが記されている。また、最近の研究成果によれば、津波の高さは約17 mであったようだ。また、1703（元禄16）年の元禄地震でも、同様に津波が小畑池に到達したことが記録されている。そして、2011（平成23）年にも東北地方太平洋沖地震があり、地震と津波が銚子を襲った。

　もう1つは、三角波という海の災害である。利根川河口右岸の銚子側の海には、岩礁が多い。一方、左岸の波崎側の海は、砂州が銚子に向かってのびていて浅瀬となっている。寒候期には、ときに北東からの強風が吹くこともあり、利根川河口に向かって、高波が発生する。すると、利根川河口の砕波帯（白波が立つ位置）で、川の流れとその高波がぶつかることによって三角波

が発生することがある（図4）。
漁船は、浅瀬に乗り上げないように、岩礁のある銚子側を通るが、この三角波が発生したときには、そうした漁船が転覆して多くの犠牲者が出ていた。

図4　利根川河口における三角波の発生

銚子の動植物

　銚子は、関東最東端に位置していること、また森林、草原、河川、海岸、海洋などさまざまな環境から成り立っていることから、野鳥の種類が非常に多く、1973年以降の出現種数は、298種が記録されている。特に冬季のカモメ類は、種類も個体数も世界でも有数である。春になると、留鳥だけでなく夏鳥や渡り鳥も多種確認できるようになる。森林や草原などの陸地では、ヒバリ、ウグイスなどスズメ目のさまざまな種類の野鳥、海岸では、チュウシャクシギなどのシギ・チドリ類、海洋ではオオミズナギドリなどが陸地から見ることができる。

　海岸植物も種類が豊富である。海岸は潮風が吹いて乾燥し、保水性の悪い土壌という厳しい環境である。そのため海岸植物は草丈が低く、葉や茎が厚く、葉の形が丸い形態をしているものが多い。海岸に行ってみると、背の高い樹木が見られず、色の鮮やかな海岸植物が見られるので、まるでお花畑のようである。ハマヒルガオ、ハマカンゾウ、ハマゴウ、イソギクなど初春から晩秋にかけて、切れ目なく、私たちを楽しませてくれる。

　海岸の磯に行ってみると、満潮と干潮で劇的に環境が変化する潮間帯では、イトマキヒトデ、ウメボシイソギンチャク、アメフラシなどの海棲動物や、アオサ、ヒジキ、フクロフノリなどの海藻などが見られる。このように銚子は、動植物の宝庫であると言える。

銚子の繁栄を支えてきた産業

　千葉県の基盤の大部分は、新第三紀や第四紀の新しい時代の堆積岩でできている。そしてその地層は、風化火山灰層などを含む関東ローム層に覆われ

ている。そのため、千葉県は石無し県ともと呼ばれてきた。そんな千葉県において、銚子は例外的に古い時代の堆積岩が露出している場所である。この古く比較的硬い地質のおかげで海に突き出た半島になっている。銚子では昔からこの堆積岩を石材として使用してきた。かつての銚子の繁栄を支えていたのは漁業や醤油醸造業、海運業だけでなく、石材業も含まれている。採石は現在行われていないが、採石の歴史は銚子を理解する上で欠かせない。

付加体の岩石の採石

　銚子半島の中心にある愛宕山は、銚子で最も標高の高い地点（標高 73.6 m）で、頂上の「地球の丸く見える丘展望館」では銚子半島が一望できる。空気の澄んだ日には、筑波山、日光の男体山、富士山などを見る事ができる。愛宕山は、千葉県で最も古い地質体であるジュラ系付加体の愛宕山層群からなる。その東側の中腹には、1976（昭和 51）年に開創された満願寺がある。ここは板東三十三観音の二十七番飯沼山圓福寺奥ノ院となっている。満願寺の背後は切り立った崖が迫っている。ここはかつての石切り場である（Stop 5、写真 3）。ここの砂岩は比較的硬いのが特徴である。愛宕山の石切りの歴史は浅く、主に昭和に入ってから行われていたようで、砕石として使用されて

写真 3　満願寺駐車場から見た採石跡（2014 年 8 月撮影）

いた。この周辺の砂岩・泥岩は、タービダイトと呼ばれるものである。タービダイトは、海底の斜面に堆積した砂が、地震などを引き金にして混濁流（こんだくりゅう）として斜面を流れ下り、それが深海底に堆積したものである。

銚子石－加工しやすい砂岩－

　銚子を代表する砂岩の銚子石は、銚子の東海岸に分布する白亜系銚子層群中の岩を切り出したものである。銚子層群は浅海性の礫岩、砂岩、泥岩からなる。この中で砂岩が石材に利用された。この砂岩の色調は黄褐色から白灰色であり、比較的均一な粒子から構成される。

　銚子層群は下位より海鹿島層、君ケ浜層、犬吠埼層、酉明浦層（とりあけうら）、長崎鼻層の5つの累層に区分され、その堆積年代は1億3000万年～1億年前で、銚子の北方に、時代の古い下位の地層が露出している。そのうち海鹿島層、犬吠埼層の2つの層準は、砂岩が主体となるため石材として利用されている。東海岸には、何カ所かの石切り場が存在していた。

　文献ではじめて採石の記録が出てくるのは江戸時代初期で、採石は昭和30年代まで行われていた。さらに古くは横穴式石室、中世には供養塔として使用されていた。そのほかの用途として地元では、石壁や石蔵、路面の敷石、石仏などの石造物や鳥居などへ利用され、江戸には粗研ぎの砥石として出荷された。この砥石は、海上砥（うなかみと）というブランドで大規模に搬出されており、例えば1856（安政3）年には、3万斤（約18 t）が出荷されている。これは紀州産砥石とシェアを2分する量であった。

　銚子石は、人力のみで大きなブロックを切り出すことができる柔らかさと、建材としての最低限使用に耐えられる硬さをもつ岩石であったため、この地で採石業が繁栄した。さらに、石

写真4　銚子市竹町の銚子石で出来た石蔵
（2014年8月撮影）

切り場が海岸沿いに位置し、江戸へ輸送できる利根川の河口に近かったため、当時の石材運搬の主流である舟運が利用しやすく、輸送の面でも有利であった。この銚子石を使用した建築物は現在でも銚子の町のいたる所で見学できる（写真 4）。実は銚子石は風雨に対しての風化に弱く、摩耗していることが多い。それが逆に独特の味わいを出している。

海鹿島付近の採石

　銚子石の採石の痕跡をたどるため、東海岸を堆積年代の古い北から巡ってみよう。採石していた場所は東海岸の 3 つの岬周辺である。黒生（くろはえ）漁港には、銚子層群で最も古い海鹿島層の下部にあたる礫岩層を見る事ができる。ここや利根川河口、長崎海岸にはいくつかの黒い岩体があらわれている。これらは岩礁のネと同じく 2000 万年前に噴出した安山岩で、岩相の様子から、陸上または非常に浅い海に噴出した溶岩だと考えられる。かつてこの周辺にはアシカが生息しており、アシカは、江戸時代に行われた観光ツアーである銚子濱磯巡の目玉の 1 つであった。海岸沿いを進むと海鹿島海水浴場に着く。その南の岬には比較的厚い砂岩層（Stop 6）がある。ここは、かつての採石場の 1 つであった。海鹿島海水浴場の北側の磯では、銚子石製の堰堤生け簀を見ることができる。

犬吠埼の採石

　犬吠埼を目指して海岸線の南下を続ける。途中の 1 km にわたって弓なりに続く砂浜は「日本の渚 100 選」にも選ばれている君ケ浜である。君ケ浜の先に見える岬が犬吠埼になる（Stop 7、写真 5）。ここには国の天然記念物に指定されている「犬吠埼の白亜紀浅海堆積物」がある。海岸に降りると、生痕化石（せいこんかせき）や嵐の時の波浪によって浅海の海底で形成されるハンモック状斜交層理（しゃこうそうり）などを観察できる。ハンモック状斜交層理は三次元的にはマウンド状の小丘がランダムに配列し、地層断面を見ると緩やかな凸部（ハンモック部）と凹部（スウェール部）からなる堆積構造である。犬吠埼灯台の下には、厚い砂岩層を見ることができ、通称、馬糞池と呼ばれるかつての採石跡がある。この砂岩層には緩やかな凹みが特に発達しており、スウェール状斜交層

写真5　犬吠埼の海岸 （目代邦康、2014年3月撮影）

写真6　スウェール状斜交層理 （2016年7月撮影）

理（写真6）と呼ばれる。ハンモック状斜交層理よりやや浅い場所でできやすいこの構造が厚く見られるのが犬吠埼の特徴である。

長崎鼻付近の採石

　長崎鼻を目指して南下すると、酉明浦と呼ばれる弓なりの海岸線がある。その先の岬が長崎鼻である。ここまでくると、銚子の東海岸のある特徴に気付くだろう。銚子層群の露岩する東海岸では、砂岩主体で、採石をしていた周辺が岬となり、泥岩の地層が露出している箇所が、弓なりの海浜にあたる。長崎鼻周辺で採石していたのは、岬の先の川をこえて小さく見える磯の周辺である（Stop 8）。磯のほうは畳磯、向かいの小さな空地の辺りが波止山(はとやま)と呼ばれており、ここで採石がされていた。ここでは明瞭な採石跡を確認できないが、江戸時代にここで石材採石の利権を争って諍いがあったことが文献に記されている。

　波止山やその周辺が外川と呼ばれる地区である。外川は、まちづくりの過程で、銚子石を数多く用いている。銚子の漁業を支えた漁業基地である外川は、銚子の採石が文字通り礎になっている。今でも外川の町並みの中には砂岩の石積みが残っている。

銚子ジオパークで伝えたいこと

　2億年前に形成された大地がスポット的に隆起したことにより、現在のような銚子の景観がつくり出された。ここは、関東最東端で、東北日本と西南日本の境界付近という本州の曲がり角に位置しているだけでなく、2つの海流（黒潮と親潮）が出合う場所でもある。海に面しているため、内陸部に比較して、夏は涼しく冬は温暖である。また、江戸時代以前は香取海という汽水湖の入口でもあった。このように、銚子は、昔から自然資源に非常に恵まれていた。銚子の大地が、土台となって、美しい景観がつくり出され、豊かな生態系が維持され、水産業、農業、醤油産業が栄えてきた。そうした自然の人間に対しての影響を実感していただきたい。そして、私たちの暮らしは、全てこの地球上にあるものだけを利用して、生かされていることにも気づいていただきたい。

（山田雅仁・岩本直哉）

【参考文献】
- 赤司卓也・高橋直樹（2013）千葉県銚子地域における地質資源の利用－「銚子石」と「銚子瓦」. 日本地質学会第 120 年学術大会講演要旨, 253.
- 岡田勝太郎（2004）『むかし語り銚子』岡田勝太郎
- 桑原和之・三沢博志・箕輪義隆・野口一誠・繁倉崇・奴賀俊光・高木武（2006）「銚子市鳥類目録」我孫子鳥の博物館調査研究報告 14, 71-147.
- 杉浦敬次（2007）『読んでなっとくおもしろ海民史－東国漁業の夜明けと紀州海民の活躍』杉浦敬次

【関連施設】
- 銚子ジオパーク推進協議会
  千葉県銚子市前宿町 1046 銚子市青少年文化会館内　☎ 0479-24-8911
  http://www.choshi-geopark.jp
- 銚子市青少年文化会館「銚子ジオパーク展示室」
  千葉県銚子市前宿町 1046　☎ 0479-24-8911
- 銚子ジオパークビジターセンター
  千葉県銚子市双葉町 3-6　☎ 0479-26-4328
- 地球の丸く見える丘展望館
  千葉県銚子市天王台 1421-1　☎ 0479-25-0930

【注意事項】
- 現在、犬吠埼の遊歩道上の岩盤に亀裂があるため、遊歩道は一部立入禁止である。

【2.5 万分の 1 地形図】
「銚子」「小南」「旭」「鹿島矢田部」

【位置情報】
Stop 1：35°43'43"N,	140°49'57"E	ヤマサ醤油
Stop 2：35°44'02"N,	140°50'11"E	第一卸売市場
Stop 3：35°44'12"N,	140°50'32"E	飯貝根地区
Stop 4：35°41'48"N,	140°51'13"E	外川漁港
Stop 5：35°42'21"N,	140°51'24"E	満願寺
Stop 6：35°43'10"N,	140°52'13"E	海鹿島
Stop 7：35°42'25"N,	140°52'03"E	犬吠埼
Stop 8：35°41'43"N,	140°51'35"E	長崎鼻付近

コラム4 文化財の保護と活用

　文化財という言葉は広く知られているが、それが具体的に何を指すかはあまり知られていない。文化財は、文化財保護法上、建造物、絵画、古文書、演劇、生業、年中行事、遺跡、庭園、海浜、山岳、植物、地質鉱物、景観などを指し、日本の歴史、文化などの正しい理解に欠くことのできない、貴重な国民的財産であると位置づけられている。はるか昔から、人間はその地域の自然、地形、環境、気候などを活かしながら生活し生業を営んできた。そうした中で生み出され、つくられ、継承されてきたものが文化財である。そのため、文化財には、建造物や遺跡だけでなく、それぞれの地域の生活に関わる自然や動植物、地形、景観も含まれているのである。

　現在、各地のジオパークでジオサイトになっている文化財は多い。そもそも、ジオパークと文化財の制度とは考え方に近いものがある。地質遺産の保全と活用を主目的とするジオパークでは、その方法について模索しているが、文化財保護の分野では、遺産の保護や活用に関する手法、その研究史や整備事例などの蓄積がある。ジオパークは文化財保護の分野から多くのことを学ぶことができるだろう。

　国内の文化財行政を所管する文化庁では文化財を保護するだけでなく、保護を前提とした活用を推進している。そして、それらは1945（昭和25）年に奈良県の法隆寺金堂壁画焼失を契機として制定された文化財保護法（以下、法）及び法に基づき制定された都道府県市町村の文化財保護条例（以下、条例）によって支えられている。さらにこの法に関連する多くの法令、条約などがあり、それらが日本の文化財保護の制度をつくりだしている。

　特に保護すべき文化財は、法や条例に基づいて国、都道府県、市町村が指定文化財として、動産そのものや、技術を持つ個人、不動産の場合はその地番などを指定することができる。指定を受けると、「現状変更等」の制限という考え方のもと、永続的に保護されるように制度化されている。所有者は、その文化財の取り扱いに制限を受けることにはなるものの、修理や公開、整備に関する補助事業を受けることができ、さらには固定資産税などの税制優遇措置などがとられる。

また遺跡は、土地に埋蔵されている文化財である。そうした遺跡は、発掘しない限りどのようなものが埋蔵されているかわからない。そのため法で、遺跡が存在する可能性のある範囲（埋蔵文化財包蔵地）が示された地図を、遺跡地図として公開し、その範囲内の各種開発行為に対して、法令上の届出や通知、その指示対応としての発掘調査などを行うよう定めている。

　以上のような文化財保護の仕組みによって、遺跡の発掘調査、寺社等建造物の修理、動植物の保護、工芸や芸能技術の継承、整備事業などが行われている。こうした取り組みが継続的に行われているため、文化財を保護し、整備、公開するための技術的な方法や、自然災害の被害からの復旧に関する工法や修復方法について情報が蓄積されている。また、景観に配慮したわかりやすさを重視した説明板の作成や、その設置に関する手法、案内ガイドの育成や活用など、さまざまな取り組みが行われている。

　文化財の保護や活用に関する活動を担っているのは、研究者や文化財所有者のほか、地方自治体に専門職として採用されていることが多い文化財担当者である。日本の文化財保護行政は、各地方自治体に文化財担当者を採用することで発展してきた。

　ジオパークでは、大地と人の関わりが重視されている。ジオサイトと人のつながりを明確に説明するためには、文化財をうまく活用することが必要だろう。例えば男鹿半島・大潟ジオパークには、砂丘列ジオサイトの中に、男鹿市指定有形文化財である天保のききん供養塔（写真1）や、埋蔵文化財包蔵地の横長根Ａ遺跡などがある。ききん供養塔をきっかけに、江戸時代の飢饉の様子を話すことができる。また、供養塔があるため、宅地開発が進む中でわずかであるがここに砂丘が残されることになった。横長根Ａ遺跡は、人の砂丘利用の継続性を紹介するために使うことができる。このように文化財を使うことにより、地形形成と人との関わりを多面的に説明できるようになるだろう。

（五十嵐祐介）

写真1　天保のききん供養塔
（2016年6月撮影）
男鹿市指定文化財

❻ 箱根ジオパーク

北と南をつなぐ自然のみち、東と西をつなぐ歴史のみち

図1 箱根ジオパークの地形とStop位置図
北海道地図株式会社ジオアート『箱根ジオパーク』をもとに作成

ジオツアーコース

Stop 1：ビュースポットから箱根**カルデラ**の地形観察	大観山
Stop 2：**山体崩壊の堰き止めによってできた湖**	芦ノ湖
Stop 3：箱根の山岳信仰に関わる神社	箱根神社
Stop 4：カルデラの中にそびゆる**中央火口丘**	駒ヶ岳
Stop 5：山体崩壊による**岩屑なだれ堆積物**	神山と**流れ山**
Stop 6：現在も噴気の活動が盛んなスポット	大涌谷

ジオヒストリー	先カンブリア	古生代	中生代	新生代
（年前） 46億	5億	2.5億	6600万	500万

Stop 7：	基盤岩を利用した史跡・文化財	白石地蔵と福住旅館外壁
Stop 8：	石橋山の合戦の地	根府川（片浦海岸）
Stop 9：	源頼朝が身を潜めた**海食洞**	しとどの窟（真鶴町）
Stop 10：	外輪山の溶岩と**火山砕屑物**がつくる洞窟	しとどの窟（湯河原町）
Stop 11：	相模湾を一望できる大パノラマ	南郷山
Stop 12：	小松石を石材として採石していた跡地	真鶴半島採石場跡
Stop 13：	小田原北条氏が地形を活かして築いた城	小田原城と小田原用水
Stop 14：	関東で初の総石垣の城を支える箱根火山の岩石	石垣山一夜城

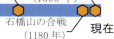

写真1　大観山から箱根カルデラを望む（2014年12月撮影）

　箱根ジオパークは、東京都心から最も近い活火山である箱根山を有する。地図にはこの箱根山という名の山はなく、最高峰の神山（1438 m）を含め、駒ヶ岳や二子山、金時山、明神ヶ岳などの山々の総称である。この箱根山が広がる地域は、豊かな自然と温泉に恵まれた国際観光地として、年間3000万人を超える観光客が訪れている。しかし、箱根山が火山であることを意識する観光客は意外に少ない。
　箱根火山は、フィリピン海プレートが北米プレートへ衝突する地域に位置しており、海洋プレートと大陸プレートの境界域にできた世界でも珍しい陸上の火山である。この箱根火山は、伊豆半島と丹沢山地の間に位置し、南北の異なる地質と動植物相の結節点となっている自然史的特徴を持つとともに、箱根山中を通る東西日本を結ぶ文化的・歴史的な道でもある。伊豆半島から丹沢山地へ南北にのびる山々は、天然の障壁となり、箱根火山を境界に動物の種の分布が異なる。このように険しい箱根火山は、多様な生態系を育む要因となっているだけでなく、我々人間にも同様に多大な影響を与えてきた。江戸時代、箱根には関所が設けられ、日本を文化的・政治的に東西に大きく分け隔ててきたが、同時に、東海道の要衝として東西の物流と人々の交流を結ぶ役割を果たしていた。五街道の1つとして日本の歴史を形作ってきた東海道の石畳は、現在も、箱根山中にその姿を残している。

箱根

どのようにして箱根火山は現在の姿になったのか？

　箱根ジオパークを訪れたらまず、外輪山の上に立ち、そこからの眺望を楽しみつつ、箱根火山の地形を観察してほしい。大観山はアクセスしやすいビュースポットであり、火山地形の観察や箱根火山の形成モデルを理解するのに非常に適している（Stop 1、写真1）。目の前に広がる芦ノ湖の背後に連なる三国山などの山々は、40〜23万年前という箱根火山の活動のはじめのころに活動した火山である。大観山や金時山などはこれら成層火山群の名残を残す山々である。これらの山々は箱根をC字型に囲む外輪山であり、その内側は箱根カルデラと呼ばれている。また、外輪山は広く裾野を広げており、真鶴半島なども箱根火山の裾野に位置している。その後、23〜13万年前には、火山の噴出物が地面を這うように流れる火砕流を伴う大きな噴火が起こり、箱根火山の中央部が陥没し、カルデラがつくられた。カルデラ内部には、こんもりとしたお饅頭のような形の駒ヶ岳や二子山、頂上が平らな屏風山などを大観山から見ることができ、箱根火山のさまざまな時期の噴火

によってできた山々を観察することができる。

　大観山からカルデラの内側へ下りてくると、芦ノ湖に着く（Stop 2）。芦ノ湖は、3000年前に中央火口丘の1つである神山の山体が崩壊を起こし、その流れ出た土砂が当時の早川をせき止めてつくられたとされている。湖には、遊覧船や観光船が就航しており、湖面から駒ヶ岳や神山、外輪山などがつくる美しい風景を楽しむことができる。湖に面して建つ箱根神社は、山岳信仰が盛んであった奈良時代に万巻上人によって建立された神社で、この芦ノ湖は御手洗池と位置づけられた（Stop 3）。箱根神社の創建に関わる芦ノ湖の九頭龍伝説など、芦ノ湖は箱根の歴史に深く関わっている。湖面から見上げるようにそびえる駒ヶ岳へは、箱根駒ヶ岳ロープウェーで頂上まで登ることができる（Stop 4）。箱根カルデラの中心に位置する駒ヶ岳の山頂からは、眼下に芦ノ湖とそれを取り囲む外輪山の山々、二子山などの中央火口丘のほか、足柄平野や相模湾などまで望むことができる。カルデラの中には、2つの時期につくられた中央火口丘が並んでいる。頂上が平らな屏風山などは、13〜8万年前にかけてカルデラの中に大量の溶岩が噴出し、形成されたもので、中央火口丘のはじめの活動でできた火山（前期中央火口丘）である。一方、駒ヶ岳や二子山は、4万年前以降から現在にかけて、中央火口丘のうち後の活動でできた火山（後期中央火口丘）である。

　遊覧船や観光船で、湖尻や桃源台に着いたら、そこから箱根ロープウェイに乗り、空中散歩しながら箱根ジオパークの地形観察を楽しむことができる。姥子駅周辺には船見岩や大石と呼ばれる大きな岩の塊を見つけることができる。これは、3000年前の神山が山体崩壊した時に土砂と一緒に流れてきた山体の一部の岩塊で、流れ山と呼ばれている（Stop 5、写真2）。その崩壊地である大涌谷に到着すると、鼻をつく臭いがする（Stop 6、写真3）。これは火山ガスに含まれる硫化水素である。大涌谷は現在も噴気が活発な場所である。この大涌谷では、まず、箱根ジオパークの拠点施設である箱根ジオミュージアムを訪れ、箱根ジオパークの全体像をつかむのが良い。箱根火山の全容や温泉、大涌谷周辺の歴史、火山地域特有の土砂災害に対する取り組みを学んでからフィールドに出かけると、周囲の見方が全然違うものになるだろう。大涌谷は、噴気や温泉の影響で、岩石の風化が激しく地すべりなど

の土砂災害が過去に何度も起きた場所で、アンカー工や堰堤などの対策事業が行われている場所である。周囲は火山ガスの影響で植物はあまり多くないが、イオウゴケなどこのような厳しい環境でも生きることができる植物が見られる。火山ガスを利用して温泉を造成し、周辺の宿泊施設に温泉を供給しており、火山の恵みをうまく活用している場所でもある。

　大涌谷からロープウェイで早雲山(そううんざん)へ、そこからケーブルカーで強羅(ごうら)に下り、強羅駅から箱根登山鉄道に乗り、箱根観光の玄関口である箱根湯本

箱根

写真2　流れ山の1つだと考えられている金太郎岩
（2015年11月撮影）

写真3　大涌谷の噴気地帯（2013年7月撮影）

駅まで下ることができる。途中、登山電車は進行方向を逆にして、山をジグザグに下りていくスイッチバックを繰り返していくが、これも箱根火山が険しい山だからこその光景である。

早川の河岸に土産屋などが並び観光客で賑やかな箱根湯本駅周辺では、箱根火山が活動をはじめるずっと前の時代の地層（基盤岩）が露出している場所がいくつかある。駅のすぐ裏にある白石地蔵（Stop 7、写真4）は、鎌倉時代に彫られた磨崖仏である。この地層は500万〜400万年前の海底火山の噴出物が大陸棚付近に堆積してできたもので、早川凝灰角礫岩と呼ばれている。全体的に白く、柔らかく、加工しやすいので、古くから磨崖仏や建築物などに利用されており、湯本の福住旅館では、建物の外壁に利用されており、現在も見ることができる。

写真4 白石地蔵（2015年6月撮影）

このように箱根を一周すると、箱根火山の40万年の成長の記録を見ることができる。フィリピン海プレートと北米プレートの2つのプレートが重なり合い、沈み込むプレート境界域に位置する箱根火山は、非常に複雑な形成史をもち、多様な火山地形や各種の溶岩を見ることができる"火山の博物館"である。そして、箱根ジオパークは、これら数十万年前〜数千年前の噴火活動が、人間の歴史や現在この地に暮らす私たちの生活と密接に関わっていることを学ぶことができる。

源頼朝は箱根火山に助けられた

平安時代末期、平清盛の平家と源頼朝率いる関東武士の戦いは、1180（治承4）年の頼朝の流罪の地である伊豆での旗揚げを機に激しくなり、ついに

"石橋山の合戦"で衝突することとなる。戦いの場となった根府川（片浦海岸）には、合戦の様子を伝える史跡が点在している（Stop 8）。この戦いは、頼朝側の300騎に対し、平家軍は3000騎であった。頼朝側は兵数では勝てないので、平地ではなく、箱根火山の山麓の尾根と谷の入り組んだ場所を選んで陣を張ったものの支えきれず、敗走することとなった。この時に頼朝を助け活躍したのが、土肥郷（現在の湯河原町）に勢力を張る土肥実平であった。実

写真5 頼朝が身を潜めたといわれる洞窟（2010年5月撮影）

平は、この箱根火山を知り尽くしており、追手が迫る中、頼朝を連れて数日間、山中を逃げまわったのである。湯河原町と真鶴町のジオサイトにそれぞれしとどの窟と呼ばれる天然の洞窟がある。海岸に面している真鶴町のしとどの窟（Stop 9）は、波によって削られた海食洞であり、山中にある湯河原町のしとどの窟（Stop 10、写真5）は、成層火山がつくりだす溶岩と火山砕屑物(かざんさいせつぶつ)の互層(ごそう)のうち、軟らかい火山砕屑物が削れてできた洞窟である。頼朝はこれらの洞窟に身を潜めながら、敵から逃れていたのである。そのほかにも真鶴・湯河原エリアには頼朝の伝説が残る場所がいくつもある。南郷山は、15万年前に噴火した山である（Stop 11）が、この山麓には、頼朝が山中をさまよい、水面に映った己の姿に失望し、自害を決意したところ、実平がいさめたといわれる自鑑水という池がある。頼朝らは、このように箱根火山の尾根谷を逃げてまわったと伝えられている。もし、箱根火山がなかったら、箱根山中の地形を知る実平がいなかったら、頼朝は平家に捕まり、その後の歴史は変わっていたかもしれない。

写真 6　採石の跡がみられる真鶴の海岸 (2012 年 10 月撮影)

　頼朝が築き上げた武家の時代を引き継ぐ戦国時代や江戸時代の歴史にも、また箱根火山が関わっている。真鶴町は、石の町として有名であるが、相模湾に突き出ている真鶴半島は火山噴火によって形成されたものである。小松山という地名が由来の小松石と呼ばれる半島を形作っている溶岩は、耐久性が良く加工がしやすいため、建築用・墓石用などに利用されてきた。採石の歴史は古く、奈良時代までさかのぼるとされるが、真鶴の採石が盛んになるのは、石造物としての需要が高まる戦国時代からである。特に、徳川幕府による江戸城築城の際には、真鶴から多くの石材が船で運ばれている。また、横須賀や横浜の港湾施設、東京・お台場の砲台にも小松石が使われているなど、箱根火山の溶岩に由来する真鶴の小松石は、現在まで日本の歴史を支えてきたと言っても過言ではない。現在でも、真鶴半島の海岸線では、真鶴半島採石場跡のように採石を行なった爪跡を確認できる場所がある（Stop 12、写真 6）。

豊臣秀吉と小田原北条氏の戦いは箱根火山が関わっていた

　群雄割拠の戦国時代、関東を支配していた小田原北条氏の拠点が小田原城である（Stop 13）。小田原は古代より関東支配の要であり、政治・経済・文

化の中心的な都市であった。当時、小田原市街には、自然の勾配をうまく活かして水を流す小田原用水が通っており、現在も小田原城のお堀に流れ込むなど技術の高さを示している。そんな小田原北条氏も、天下統一を目前に控えた豊臣秀吉と対決姿勢を強めていき、ついに1590（天正18）年に、秀吉率いる15万の軍勢と戦うこととなる。小田原北条側は、これまで上杉謙信や武田信玄に攻められた際に籠城戦でこれを退けてきたことから、この時も籠城戦で挑んだ。当時、小田原城は、箱根火山からのびる3つの丘陵の尾根と足柄平野の低地を利用し、城下を取り囲む周囲9 kmにも及ぶ堀と土塁による防衛線である総構を構築しており、日本最大級の城郭であった。また、前期中央火口丘である屛風山や浅間山は、山頂が平坦で台地状の山体のため、これらの山々の尾根は道として使われ、鎌倉時代には湯坂路と呼ばれる箱根越えのルートとなっていたが、小田原北条氏はこれらの山々の尾根に小さな城や砦を築き、西方からの敵に備えていた。小田原北条氏は箱根火山の地形や関東ローム層をうまく活用した堀などで城を築いていたが、一方の秀吉も箱根火山がつくった地形や岩石をうまく利用した。

　秀吉は、城攻めにあたり、小田原城を見下ろすことができる西方2 kmの笠懸山と呼ばれる箱根外輪山の尾根に城を築いた。築城には、近江より穴太衆という石工集団を呼び寄せ、周囲の外輪山溶岩や前期中央火口丘溶岩の転石である自然石をそのまま加工せずに積み上げる野面積みという手法で、関東で初の総石垣の城である石垣山一夜城（Stop 14、写真7）をわずか3カ月ほどで築いてしまった。小田原北条側にとっては、この出来事は驚異的だったようで、3カ月の籠城の末、開城し降伏した。小田原北条側には知られないように築城の作業を進め、いざ完成すると周囲の木々を切り倒して、その姿を突然披露し、まるで一夜にして白亜の城を出現させたことは、太閤の一夜城と呼ばれ伝承となっている。

　源頼朝と豊臣秀吉は日本の誰もが知る歴史上の人物であるが、2人は、"武士の乱世"のはじまりと終わりに関わる人物である。その両者が箱根火山と深いつながりをもっているのは興味深い。箱根火山は、箱根地域の歴史や暮らしに影響を与えているだけでなく、実は日本の歴史をも支えてきたのである。

写真7 石垣山一夜城の石垣(2013年4月撮影)

箱根ジオパークで伝えたいこと

　箱根火山は東京都心から最も近い活火山であり、交通アクセスも良いため気軽に火山を学び、楽しむことができる場所である。さまざまな乗り物に乗り、美しい風景を見て、温泉で癒されるという観光スタイルでも十分に楽しむことができるが、当地域の歴史や自然の背景にあるものを知ることで、より地域が魅力的に見えてくる。

　「箱根の山は天下の険　函谷関も物ならず　万丈の山　千仞の谷」と歌われた箱根の地形や歴史だけでなく、小田原城を中心とする城下町小田原、相模湾の漁業と石材の町真鶴、万葉の時代にも詠まれた温泉湯河原の各地域の自然や歴史の背景には、40万年もの間の箱根火山の度重なる噴火活動が関わっており、現在の私たちの暮らし・営みにも深く関係している。また、源頼朝や豊臣秀吉など誰もが知る歴史上の人物の活躍の裏にも箱根火山との関わりが隠れており、歴史的事象を多面的な視点で見つめる面白さがわかる。ぜひ箱根ジオパークを火山という視点で巡り、地域を再発見し、より楽しんでいただきたい。

（青山朋史）

【参考文献】
- 小田原市（1998）『小田原市史通史編　原始古代中世』小田原市
- 長井雅史・高橋正樹（2008）箱根火山の地質と形成史．神奈川県立博物館調査研究報告（自然科学）13, 25-42.
- 日本地質学会国立公園地質リーフレット編集委員会（2007）箱根火山．日本地質学会

【問い合わせ先】
- 箱根ジオパーク推進協議会事務局
  神奈川県足柄下郡箱根町湯本256　箱根町役場企画観光部企画課ジオパーク推進室　☎ 0460-85-9560
  http://www.hakone-geopark.jp

【関連施設】
- 箱根ジオミュージアム
  神奈川県足柄下郡箱根町仙石原1251（大涌谷くろたまご館1F）　☎ 0460-83-8140
  http://www.hakone-geomuseum.jp
- 神奈川県立生命の星・地球博物館
  神奈川県小田原市入生田499　☎ 0465-21-1515
  http://nh.kanagawa-museum.jp

【2.5万分の1地形図】
「箱根」「熱海」「小田原北部」「小田原南部」「真鶴岬」

【位置情報】
Stop 1 : 35°11'05"N,	139°02'56"E	大観山
Stop 2 : 35°11'53"N,	139°01'45"E	芦ノ湖
Stop 3 : 35°12'17"N,	139°01'31"E	箱根神社
Stop 4 : 35°13'25"N,	139°01'27"E	駒ヶ岳
Stop 5 : 35°14'38"N,	139°00'56"E	神山と流れ山
Stop 6 : 35°14'37"N,	139°01'10"E	大涌谷
Stop 7 : 35°14'02"N,	139°06'13"E	白石地蔵と福住旅館外壁
Stop 8 : 35°12'10"N,	139°08'18"E	根府川（片浦海岸）
Stop 9 : 35°09'05"N,	139°08'35"E	しとどの窟（真鶴町）
Stoo 10 : 35°09'49"N,	139°04'35"E	しとどの窟（湯河原町）
Stop 11 : 35°11'05"N,	139°02'56"E	南郷山
Stop 12 : 35°08'31"N,	139°09'20"E	真鶴半島採石場跡
Stop 13 : 35°15'03"N,	139°09'14"E	小田原城と小田原用水
Stop 14 : 35°14'07"N,	139°07'37"E	石垣山一夜城

コラム5 生物多様性

　地球に現生する生物は、約125万種が知られている。未発見の種やすでに絶滅した生物も合わせれば、これまでにいったいどれだけ多くの種が生まれてきたのか想像もつかない。地形や気候といった地球環境は、46億年の歴史の中で目まぐるしく変化し、それに応じるように生物は進化と絶滅を繰り返してきた。今日、私たちが目にできる生物相は、今なお更新され続ける"環境変動の結果"の最新版と言えよう。またその多様さが、複雑な地史と長い時間をかけて築かれたものであることを思えば、それがいかにかけがえのないものであるかを感じられるだろう。

　地球の歴史を凝縮した"結果"である生物は、時に、地質や地形そのもの以上に、大地の特徴を捉えるのに役立つ。例えば、海の生物相や海洋動物の行動から、私たちは直接観察することが困難な海底地形や海洋環境について、理解することができる。海底の栄養塩が表層に巻き上げられて生物生産性が高まる湧昇域では、海面で餌を食べる海鳥や鯨類の群れが、湧昇を生みだす海底地形や海流の存在を実感させる。また鮮魚店に並ぶ旬の地魚の種類と値段を見れば、周辺の海洋環境やその季節変化を想像できる。

　陸域についても、生物を介して地史や気候変動の歴史をひも解くことができる。現在の日本列島の原型となる陸地が形成されて以降、氷期には陸続きになった大陸から動物が渡来し、その動物は間氷期には閉鎖的な列島で独自の分化を遂げた。その結果、日本にはいくつかの動物分布境界ができた。例えば北海道と本州は、海面が120 m以上低下した最終氷期にも津軽海峡が存在し続けたため陸続きにならず（図1）、多くの動物は往来できなかったか、往来できてもその先で子孫を残すこ

図1　津軽海峡における現在と最終氷期の海岸線（赤線）

とはできなかった。そのため、青森県下北半島を分布の北限、あるいは北海道渡島半島を南限とする動物が多い。中でも下北のニホンザルは、ヒトを除いては世界で最も北に生息する霊長類で、この分布境界を象徴する生物と言える（写真1）。津軽海峡に引かれる分布境界は、このことを発見した動物学者の名にちなんで、ブラキストン線と呼ばれる。

氷期に繁栄したのち、間氷期になって本州の中部山岳地域などの限られた高山帯に取り残されたライチョウのような遺存種も、地史をひも解ける生物の好例である。さらに、地質や火山活動に由来する特定の元素やpH、温度、光といった、局所的な物理化学的環境は、独特の生態系を育んできた。北海道アポイ岳のかんらん岩・蛇紋岩の大地に生育するアポイアザミやヒダカソウ（写真2）、鹿児島県錦江湾の熱水噴出域に生息するサツマハオリムシやタギリカクレエビのように、隔離された特異な環境に適応、分化した生物の中には固有種も多く、それらの出現も生物多様性を飛躍的に高めた。

このようにして形成された9万種以上からなる日本列島の生物相は、緯度や面積などの条件が比較的近い島国のイギリスやニュージーランドと比べて

写真1　北限のニホンザル（2012年7月撮影）

写真2　ヒダカソウとカンラン岩
（田中正人、2011年5月撮影）

圧倒的に多様で、しかも固有種の割合が極めて高い。これには、種分化が生じやすい島嶼であることに加え、日本列島の地理的位置とそこがさまざまな"境界"になっていることが大きく影響している。南西諸島や対馬からは南方系の生物が、サハリン（樺太）からは北方系の生物が渡来し、両者が混在した。また大洋（太平洋）と縁海（日本海）に複数の暖流と寒流が流れ、海洋生物相も多様化した。

現在、人類は、これまでの地球の歴史では考えられないほどのスピードと規模で環境を変化させており、その変化に対応する間もなく多くの生物種が姿を消し、生物多様性が急速に失われている。ジオパークは、この問題解決の方法を探る実践の場になると期待される。ジオパークの視点は、生物種そのものだけでなく、生息環境や地域住民の意識をも含む、包括的な保全を実現しうる。象徴的な生物種の保全活動を通じて、地域の農産物に付加価値を与え、生態系の保全と地域経済の発展を両立させている例として、兵庫県豊岡市のコウノトリ（写真3）や新潟県佐渡市のトキを中心に据えた地域づくりは、先進的な取り組みと言えよう。

写真3　コウノトリと共生する稲作
(写真提供：山陰海岸ジオパーク推進協議会、2009年5月撮影)

生物多様性に富む日本列島において、ジオ多様性だけでなく、生態系や生物多様性も保全し活用するモデルを提起することは、日本のジオパークが果たしうる重要な役割だろう。

（平田和彦）

Ⅱ 中部地方

写真解説は 156 ページ

中部地方の概説

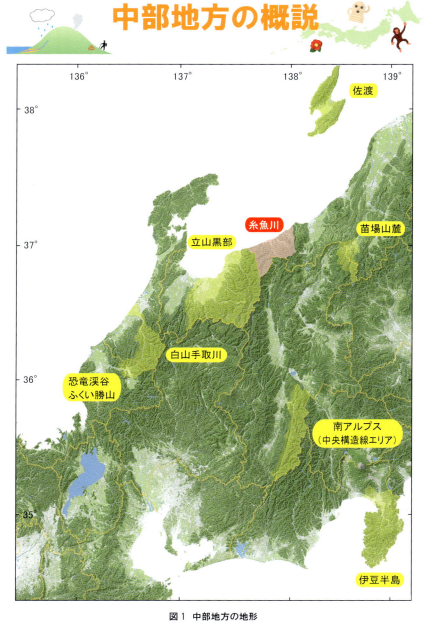

図1 中部地方の地形
北海道地図株式会社「地形陰影図」に加筆

中部・伊豆の地形

　中部地方南部には、日本の最高峰である富士山がある。この火山は、10万年前ころから噴火を繰り返し、3776 m の巨大な山体をつくり出した。独立峰でもある富士山は地形としても良く目立つ。富士山の南側には駿河湾が広がる。海図などを用いずに海底の地形を認識することは難しいが、この湾は湾口で水深が 2500 m ある日本で最も深い湾である。なお、駿河湾から伊豆半島を挟んで東側に位置する相模灘も深さ 1500 m に及ぶ湾で、日本で 2 番目に深い湾である。標高差 6000 m 以上にもなるこの大きな地形は、フォッサマグナ南部の特徴をよくあらわしている。フォッサマグナは、日本列島がアジア大陸から分離する時に生じた開裂で、西側を糸魚川－静岡構造線に区切られている地域を指す。

　糸魚川－静岡構造線の西側には稜線の標高が 3000 m を超える赤石山脈が広がる。赤石山脈南西部では南北に流れる天竜川が深い谷を刻んでいる。山地内に刻まれたこの谷は、もともと川が流れていた場所に山地が隆起した際に、隆起する速度より早く河川による下刻が生じる場合にできる先行谷と呼ばれる地形で、赤石山脈の隆起が地形学的に最近のできごとであることを物語る。

　富士山の南北には浅間山、八ヶ岳、箱根、伊豆半島（伊豆東部火山群）、伊豆大島などの伊豆諸島の島々、さらに南の小笠原諸島といった火山が並ぶ。これらの火山のうち、伊豆半島以南の火山列は 伊豆・小笠原弧と呼ばれ、海上に姿をあらわした火山島だけでなく、多数の海底火山も含む大山脈を形成している。伊豆・小笠原弧の高まりは西南日本の太平洋岸に沿って流れる黒潮の流れにも影響を与え、沿岸部の気候や生態系に影響を与えている。これらの火山の中には活火山も多く、2013 年から 2016 年にかけて西之島が噴火し、流出した溶岩によって島が大きくなったことは記憶に新しい。

（鈴木雄介）

❶ 伊豆半島ジオパーク

南から来た火山の贈りもの

図1 伊豆半島ジオパークの地形とStop位置図 左ページが伊豆半島の南部、右ページが伊豆半島の北部〜中部
北海道地図株式会社ジオアート『伊豆半島ジオパーク』をもとに作成

ジオツアーコース

Stop 1：海底火山噴出物がつくる**海岸**	**堂ヶ島**
Stop 2：**海底火山噴出物とそれを貫く岩脈**	三ツ石岬
Stop 3：海底火山噴出物にできた**海食洞**	**龍宮窟**
Stop 4：**伊豆軟石**を切り出していた採石場跡	室岩洞
Stop 5：**伊豆軟石**の利用と幕末開国の歴史	下田市街

確認されている伊豆最古の地層
(2000万年前)

ジオヒストリー	先カンブリア	古生代	中生代	新生代
(年前) 46億		5億	2.5億　6600万	500万

伊豆半島

Stop 6：伊豆東部火山群最大級の**スコリア丘**　　　大室山
Stop 7：大室山の溶岩がつくる**岩石海岸**　　　　**城ヶ崎海岸**
Stop 8：大室山の溶岩による**せき止め湖**の名残　　池の盆地
Stop 9：伊豆東部火山群の**マール**　　　　　　　　一碧湖
Stop 10：駿河湾の海流がつくった**砂嘴**　　　　　**御浜岬**
Stop 11：鉢窪山の**溶岩**とそこからの**湧水**　　　浄蓮の滝とわさび沢

本州との衝突　　　伊豆東部火山群の活動がはじまる　　　大室山の噴火
（100万年前）　　（15万年前）　　　　　　　　　　　（4000年前）
　　　　　　　　　　　　　　　新生代
　　　　　　　　10万　　　1万　　　　　　　　　　　　現在

伊豆半島ジオパークは、駿河湾と相模湾を隔てる南北60 km、東西40 kmの半島に位置し、長く複雑な海岸線とともに、標高1000 mをこえる急峻な山地を有する。伊豆半島の大地の成り立ちは、地層などの証拠などによって2000万年前までさかのぼることができる。2000万年前、伊豆はフィリピン海プレートの上にできた海底火山で、本州のはるか南にあった。この海底火山や火山島はフィリピン海プレートとともに北に移動し、100万年前ころに本州に衝突し、60万年前には現在のような半島の形になった。つまり、伊豆半島は南の海でできた火山島や海底火山が本州に衝突してできた半島である。伊豆と本州の衝突の影響は、伊豆だけにとどまらず、本州側にある丹沢山地や赤石山脈を隆起させ、広い地域に影響を与えている。伊豆半島は現在もフィリピン海プレートとともに本州を押しつづけ、その結果、赤石山地は年間約4 mmという日本国内でも有数の速さで隆起し続けている。

街並みから読み取れる海底火山のなごり

　伊豆半島は長い海底火山の時代の後、本州への衝突に伴い伊豆全体が隆起し、海底火山の噴出物が地上に姿をあらわした（図2）。海底火山の噴出物は現在の伊豆半島の土台をつくり、半島内の広い範囲に分布している。隆起し侵食を受けた海底火山噴出物には、海底火山の内部構造が露出しており、陸上火山の噴出物とは異なった産状を観察することができる。枕状溶岩や水

写真1　南伊豆町三ツ石岬（2013年1月撮影）

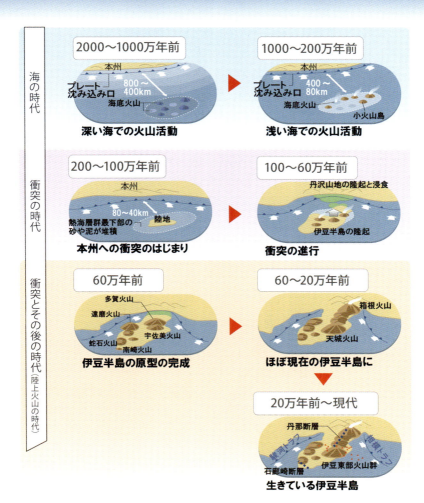

図2 伊豆半島の生い立ち　小山ほか（2010）より

冷破砕溶岩、タービダイト、これらの地層を貫く岩脈などは、海底火山の活動とその地下構造を知るための重要な手がかりにもなり、西伊豆町の堂ヶ島（Stop 1）や南伊豆町三ツ石岬（Stop 2、写真1）、下田市の龍宮窟（Stop 3）などで美しい海岸線をつくり出している。ここでは、これら海底火山噴出物のうち、海底に降りつもった、あるいは海流に流されて再堆積した火山砕屑物からなる凝灰岩とその利用について注目してみたい。

かつての伊豆半島は石材の一大産出地であった。伊豆を産地とする石材は伊豆石と総称されるが、凝灰岩系の伊豆軟石と、安山岩溶岩または貫入岩体の伊豆堅石の2種類に分けられている。

　伊豆軟石は海底火山時代に堆積した凝灰岩を利用した石材で、やわらかく加工しやすく耐火性にも優れた石材として重宝され、古くから各種石造建築に使われてきた。この石材は伊豆だけでなく、江戸を中心とした関東地方でも広く利用されていた。その理由としては、加工しやすいという特徴とともに、物流の中心が水運であったことがあげられる。関東大震災と陸上交通の発達により栃木県の大谷石が広まるとともに伊豆での採石は急激に減少したが、伊豆軟石は現在でも一般家屋の浴室や床材として好んで用いられている。

　石丁場と呼ばれる採石場の跡は、海岸線や河川沿いに海底火山噴出物が露出する伊豆半島南〜西海岸や狩野川左岸に分布している（図3の▼）。地層を掘り進んだ石丁場は地質観察の適地でもあるが、規模の大きな石丁場の多くは立ち入り禁止になっており、見学できるのは松崎町の室岩洞（Stop 4、写真2）などごく少数である。古い蔵や家屋の壁には、斜交層理など、水底堆積した火山灰の堆積構造を残す個性豊かな石材が用いられており、独特の街並みをつくり出している（Stop 5、写真3）。下田市では、こうした伊豆石建築を含めた自然・文化遺産について「下田まち遺産」として保護し、まちづくりに活用する活動も行われている。伊豆半島では、地層としての火山噴出物だけでなく、街並みを構成する要素としての火山噴出物をまち歩きと

図3　伊豆石採石場跡の分布
静岡県考古学会（2010）を参考に作成

ともに楽しむことができる。

伊豆堅石は本州との衝突後と前後して活動した大型の複成火山である天城火山や宇佐美火山などの溶岩（図3の■）を利用した石材で、硬質で重く、耐久性に優れた特性を生かし、江戸城や駿府城などの石垣に用いられている。特に、徳川家康が江戸に幕府を移し、江戸城の改築を各地の大名に命じると、大量の石材が必要となった。伊豆をはじめとする相模湾沿岸部で採石された石材は、船で江戸に運ばれた。石の切り出し、運搬を命じられた各大名は切り出した石材に刻印を入れて目印としていたことから、この石材は、築城石あるいは刻印石と呼ばれる。伊豆堅石については、2011（平成23）年9月に伊豆一円に点在している伊豆石石丁場跡の中から、伊東市宇佐美にある「江戸城に係る石丁場遺跡」の一部が

写真2 室岩洞（2012年11月撮影）

写真3 下田市街の伊豆石建築（2012年3月撮影）

市指定史跡に登録された。なお、刻印の残る石材は、この遊歩道の起点である宇佐美駅前や、伊豆急行線の伊豆高原駅前、稲取駅前にも展示されている。

伊豆東部火山群－小さな火山をめぐる－

　陸化した後の半島各地では、大型の複成火山が活動を続けていたが、これらの火山の多くは20万年前ころに活動を終える。15万年前ころからはじまった火山活動は、伊豆半島のこれまでの火山活動とは大きく姿を変えたものであった。独立単成火山群の伊豆東部火山群である。日本列島の火山は、近い場所で何度も噴火を繰り返す複成火山が多く、独立単成火山群は、まれな事例である。日本の活火山としては、伊豆東部火山群以外には、山口県の阿武火山群と長崎県の福江火山群のみである。伊豆半島の中～東部にかけての陸上と、伊豆半島と伊豆大島の間の海底に広がる伊豆東部火山群は、噴火のたびに火口の位置を変え、スコリア丘、マール、溶岩ドームといった多様な火山地形をつくり出している。また、溶岩流は急峻な谷底や海に流れ込み平坦な大地や滝をつくり出してきた。

　大室山（Stop 6、写真4）は、伊豆東部火山群の中で最大のスコリア丘である。4000年前の噴火では火口から吹き上げたスコリアが火口の周囲に降りつもり、底の直径が1000 m、底からの高さが300 mのプリン型のスコリア丘が形成された。美しい山体は、毎年2月の第2日曜日に行われる山焼きによっ

写真4　大室山と城ヶ崎海岸（小山真人、2012年3月撮影）

て保たれ、スコリア丘全体が国の天然記念物に指定されている。この噴火ではスコリアのほか、3億8000万tもの大量の溶岩が流れ出した。溶岩が噴火前にあった地形の凹凸を埋め立ててなだらかな伊豆高原をつくる様子や、相模灘の一部を埋め立てて城ヶ崎海岸をつくり出した様子は、リフトで登ることができる大室山山頂から一望することができる。城ヶ崎海岸の切りたった海食崖では、溶岩の冷却、収縮による柱状節理や、アア溶岩のクリンカーなど、溶岩の構造や微地形が各所で見られる（Stop 7）。海に面した裸地に進出した地衣類などの先駆的な植生が、内陸に向かって樹林に変化していく様子も見ることができる。

　溶岩流出初期に西側山麓から流れ出した溶岩は、河川の出口を塞いでせき止め湖も形成した。せき止めによってできた盆地には、明治のはじめに干拓のための排水トンネルが掘られるまでは湖が残っていたため、盆地周辺の集落は池と呼ばれている（Stop 8）。伊豆東部火山群の新鮮な火山噴出物に覆われる伊東市は水はけが良いため水田が少ないが、せき止め湖の名残である池周辺には水田の風景が広がっている。

　標高は低いながらも独立したスコリア丘である大室山は、相模灘の海上からよく視認することができるため、かつては漁場を定める際の目印になっていた。このように遠方からも目立つ大室山は信仰の対象でもあった。大室山の山頂には浅間神社がある。富士山をはじめとして全国に数多くある浅間神社のほとんどが木花開耶姫命を祀るが、大室山の浅間神社には、その姉の磐長姫命のみを祭神としている。記紀神話では、姉妹の父である大山祇神は、天から降臨した瓊瓊杵尊に姉妹を差し出すが、妹より容姿の劣る磐長姫命は返されてしまった。磐長姫命の磐（岩）は、永遠の命の象徴であったことから、磐長姫命を捨てた瓊瓊杵尊とその子孫は、限られた寿命を持つようになった。この神話を受け、「大室山で富士山をほめると、磐長姫命が美しい妹を妬み、天気が悪くなる」などの言い伝えが残っている。同様の言い伝えは、松崎町の烏帽子山などにも残る。この烏帽子山は海底火山時代の火山岩頸である。

　大室山の周辺には、大室山噴火とは異なる様式の噴火で生じた、2700年前の矢筈山溶岩ドームや10万年前の一碧湖マール（Stop 9）などが分布しており、噴火様式の違いによる火口地形や噴出物の違いを認識することができる。

伊豆半島

伊豆の海と「南から来た火山の贈りもの」

　現在、伊豆半島をのせるフィリピン海プレートは伊豆の西側に位置する駿河トラフと東側に位置する相模トラフで本州の下に沈み込んでいる。プレートの沈み込みは半島の東西に深い海を形成し、半島東部の相模湾は、初島のすぐ沖で水深1000 mとなり、伊豆大島の南側の湾口部では水深1500 mもの深さがある。西側の駿河湾はさらに深く、石廊崎と御前崎を結ぶ線上の湾口部では水深2500 mにも達する（図4）。このような深い湾は、外洋の海水の影響を強く受ける。日本列島の南岸に沿って流れてきた黒潮は伊豆半島南方に続く伊豆・小笠原火山弧の高まりにぶつかり、大きく蛇行し駿河湾内に流れ込む。さらに黒潮の下層には、海洋大循環に伴う深層水が流れている。また、伊豆半島には大きな川の河口が少なく海水の濁りが少ない。沿岸部近くに深い海を有し、多様な温度、水質の流れがあることから、周辺海域は豊かな漁場やダイビングスポットにもなっている。特産のキンメダイやタカアシガニも深海性の生物で、漁港の近くに深い海を有する本地域の恵みである。タカアシガニの水揚げで有名な戸田港は、駿河湾内の海流が運ぶ土砂が堆積した砂嘴である御浜岬に囲まれる天然の良港となっている（Stop 10、写真5）。

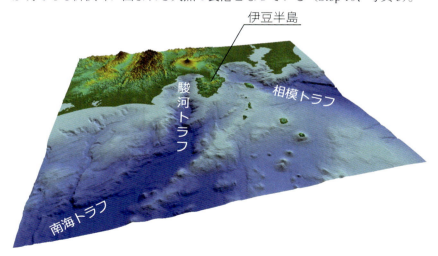

図4　伊豆半島周辺の海底地形　海上保安庁500 mメッシュ水深データより作成

写真5 戸田御浜岬の砂嘴（伊豆半島ジオパーク推進協議会、2012年3月撮影）

写真6 伊豆市浄蓮の滝のワサビ沢（2012年1月撮影）

　半島中央部の天城山付近は、太平洋からの湿った風が吹き寄せるため、年間雨量3000 mm近い国内有数の多雨地帯である。伊豆の大地に降る雨は、間隙の多い火山噴出物中に地下水として涵養され、各所で豊富な湧水となっている。水温・水量の安定した清廉な湧水は品質の良いワサビをつくり出す。中伊豆の谷あいには無数のワサビ沢がある。伊豆半島では、谷に沿ってつくられることからワサビ田ではなくワサビ沢と呼ばれることが多い。こうしたワサビ沢が、静岡県のワサビ産出額を日本一に押し上げている（Stop 11、写真6）。地下水の一部は、高い地熱によって温められ、各地で温泉として湧き出している。これも重要な「火山の贈りもの」である。

伊豆半島ジオパークが伝えたいこと

　川端康成は「伊豆序説（日本地理体系第 6 巻）」の一節でこのように述べている。「伊豆は南国の模型であると、そこで私はつけ加えていう」「面積の小さいとは逆に海岸線が駿河遠江二国の和よりも長いのと、火山の上に火山が重なって出来た地質の複雑さとは、伊豆の風景が変化に富むゆえんであろう」。川端の述べた「南国」の要素と、「火山の上に火山が重なって出来た地質の複雑さ」はまさに、伊豆の景観の多様性をもたらすとともに、さまざまな特産品や温泉といった恵みをもたらしている。伊豆半島は、南から来た火山の贈りものであるといえる。

　伊豆半島ジオパークを旅することで、深い海での火山活動からはじまり、浅い海での活動への遷り変り、本州との衝突に伴う変動、陸化後の火山活動、現在も続くさまざまな変動という大地の物語を連続的に知ることができる。温泉や特産品などは、この地域の物語の理解を助ける 1 つのツールとなる。

　活発な変動帯に位置する伊豆半島は、地震や火山噴火が起きる場所でもある。また、地形が急峻で雨が多いため土砂災害や洪水の原因ともなっている。自然を楽しむとともに、自然災害について学ぶきっかけにもなるのが伊豆半島ジオパークである。

（鈴木雄介）

【参考文献】
・伊東市史編さん委員会（2009）『図説伊東の歴史』伊東市教育委員会
・小山真人（2010）『伊豆の大地の物語』静岡新聞社
・静岡県考古学会（2010）静岡県考古学会 2010 年度シンポジウム「江戸の石を切る　伊豆石丁場遺跡から見る近世社会」

【問い合わせ先・関連施設】
・伊豆半島ジオパークミュージアム「ジオリア」
　静岡県伊豆市修善寺 838-1　修善寺総合会館内　☎ 0558-72-0525
　http://izugeopark.org/
・南伊豆町ジオパークビジターセンター
　静岡県賀茂郡南伊豆町入間 1839-1（あいあい岬売店内）　☎ 0558-65-1155
・下田ジオパークビジターセンター
　静岡県下田市外ケ岡 1-1（道の駅開国下田みなと内）　☎ 0558-22-5255
・松崎ジオパークビジターセンター
　静岡県賀茂郡松崎町松崎 315-1（明治商家中瀬邸内）　☎ 0558-43-0587

- 河津七滝ジオパークビジターセンター
  静岡県賀茂郡河津町梨本 379-13（河津七滝観光センター内）☎ 0558-36-8263
- 東伊豆ジオパークビジターセンター
  静岡県賀茂郡東伊豆町奈良本 996-13（熱川温泉観光協会内）☎ 0557-23-1505
- 天城ジオパークビジターセンター
  静岡県伊豆市湯ヶ島 892-6（道の駅天城越え昭和の森会館内）☎ 0558-85-1188
- 三島ジオパークビジターセンター
  静岡県三島市一番町 17-1（三島市総合観光案内所内）☎ 055-971-5000
- 伊東ジオパークビジターセンター「ジオテラス伊東」
  静岡県伊東市八幡野 1183（伊豆急行伊豆高原駅構内）☎ 0557-52-6100
- 沼津ジオパークビジターセンター
  静岡県沼津市戸田 1294-3（道の駅くるら戸田内）☎ 0558-94-5151
- 伊豆の国ジオパークビジターセンター
  静岡県伊豆の国市田京 195-2（道の駅「伊豆のへそ」内）☎ 0558-76-1630
- 西伊豆ジオパークビジターセンター
  静岡県賀茂郡西伊豆町宇久須 2169（こがねすと内）☎ 0558-55-0580
- 長泉ジオパークビジターセンター
  静岡県駿東郡長泉町下土狩 1283-11（コミュニティながいずみ内）☎ 055-988-8780
- ジオポート伊東
  静岡県伊東市和田 1-17-9

【注意事項】
- Stop 2 の三ツ石岬は、入間の港から徒歩で片道約 40 分かかります。特に三ツ石岬の見える千畳敷へ下るルートは崖上の狭い道を歩くので注意が必要。

【2.5 万分の 1 地形図】
「石廊崎」「伊豆松崎」「仁科」「湯ヶ島」「達磨山」「下田」「天城山」「伊東」

【位置情報】
Stop 1 ： 34°46'58"N， 138°46'03"E　　堂ヶ島
Stop 2 ： 34°37'20"N， 138°47'53"E　　三ツ石岬
Stop 3 ： 34°38'31"N， 138°54'56"E　　龍宮窟
Stop 4 ： 34°45'03"N， 138°46'08"E　　室岩洞
Stop 5 ： 34°40'18"N， 138°56'35"E　　下田市街
Stop 6 ： 34°54'11"N， 139°05'40"E　　大室山
Stop 7 ： 34°53'23"N， 139°08'20"E　　城ヶ崎海岸
Stop 8 ： 34°53'54"N， 139°04'57"E　　池の盆地
Stop 9 ： 34°55'40"N， 139°06'29"E　　一碧湖
Stop 10 ： 34°58'21"N， 138°45'49"E　　御浜岬
Stop 11 ： 34°52'19"N， 138°55'21"E　　浄蓮の滝とわさび沢

❷ 苗場山麓ジオパーク

雪に育まれた自然と歴史文化

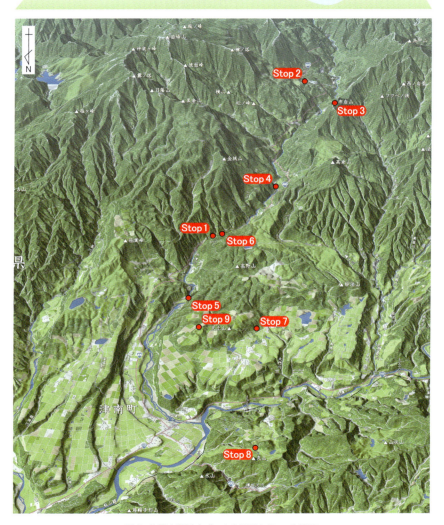

図1 苗場山麓ジオパークの地形とStop位置図
北海道地図株式会社ジオアート『苗場山麓ジオパーク』をもとに作成

ジオヒストリー	先カンブリア	古生代	中生代	新生代
（年前） 46億	5億	2.5億	6600万	500万

ジオツアーコース

Stop 1：	苗場山麓ジオパーク最古の地層	猿飛橋
Stop 2：	急峻な山並み鳥甲山	天池からの展望
Stop 3：	**鳥甲火山溶岩**を見る	布岩山
Stop 4：	山頂に**高層湿原**が広がる苗場山	前倉のトド
Stop 5：	**苗場火山溶岩**を見る	石落し
Stop 6：	火山と人の営みに触れる	結東集落の**石垣田**
Stop 7：	苗場溶岩層の下から**湧く水**	龍ヶ窪
Stop 8：	日本有数の**河成段丘**	マンテンパーク津南展望台
Stop 9：	段丘上に展開した**縄文時代**の大集落	沖ノ原遺跡

　苗場山麓ジオパークは、日本有数の多雪地域であり、鳥甲山や苗場山などの活発な火山活動と津南町と栄村を流れる中津川につくり出された何段もの河成段丘の地形を持つ。この地域には海で堆積した地層が広く分布しているため、信濃川左岸には、貝の化石が出土する。またその地層は軟岩と呼ばれる軟らかい地層で、地すべりが多い地形となっている。この地域では、3万年前の旧石器時代から人類の活動がはじまっている。そして、縄文時代から現在のような多雪化がはじまり、森と共生した縄文文化が育まれた。

秋山郷と鳥甲火山

　苗場山麓ジオパークの中央を流れる中津川の上中流域は、秋山郷と呼ばれている。江戸時代の商人であり随筆家である鈴木牧之（1770-1842）は、秋山郷を旅して、当時の様子を『秋山記行』に記している。その本で紹介されているのが猿飛橋である（Stop 1、写真1）。この場所は、川幅が狭まり、猿が飛んで渡ったということから、猿飛橋と呼ばれていた。「秋山記行」の絵図を見ると、梯子のような木の橋が架けられていた。大正時代の写真からも同様の橋が見られ、地質構造と歴史資料から当時と変わらない風景を今でも見ることができる。また、水流が穏やかなこの場所には白龍伝説も残る。

　猿飛橋の付近一帯の河川沿いには、1800万年前、海底火山などの活動によって堆積した結東層と呼ばれる地層を見ることができる。この地層は、変質した安山岩火砕岩を主として、同質の溶岩をはさみこみ、一部に玄武岩溶

河成段丘の形成　　苗場山の噴火　　多雪化
（40万年前〜1万年前）　（30万年前）　（1万年前〜 8000年前〜現代）

新生代

10万　　　　　1万　　　　　　　　　　　　現在

写真1 猿飛橋（2012年9月撮影）

写真2 鳥甲山（2013年6月撮影）

岩やハイアロクラスタイトを挟在している。こうした暗緑色の岩石は、日本列島では、日本海側から北海道にかけて分布している。かつての海底火山活動によるもので、グリーンタフと呼ばれている岩石である。

　鈴木牧之は、中津川流域の山々も描いている。急峻な山並みである鳥甲山は、赤倉山として紹介されている（Stop 2、写真2）。標高2037 mの火山で、80万年前に3回の活動があり形成されたと考えられている。白倉山─剃刀

写真3 紅葉の布岩山 （2014年10月撮影）

岩—鳥甲山—赤倉山—布岩山と山並みが連なり、鳥甲火山である。中津川上流の屋敷や切明、その支流の雑魚川沿いには、この鳥甲火山の噴出物が広く分布している。

　鳥甲火山の1つである布岩山では、鳥甲火山の溶岩を見ることができる（Stop 3、写真3）。布岩山は、長い布を何枚も垂らしたように見えるためこの名前で呼ばれている。この長い布とは、大きな柱状節理である。その幅は大きく1.5 m以上あり、高さは90 mに達する。よく観察すると、大きな柱状節理のほかに、細かなものや横に発達した節理も見ることができる。これらは、溶岩が流れた方向や冷えて固まる時間の違いによりつくられるものである。

鈴木牧之の登った苗場山

　鈴木牧之は、苗場山にも登り、そこからは佐渡島や妙高山も望んでいる。苗場山は、標高2145 m、30万年前に形成された成層火山である（写真4）。大きな4回の活動があったと考えられており、2回目の噴火時の溶岩は、広く分布し、中津川を超え13 km離れた龍ヶ窪の近くまで到達している。

　苗場山は、9合目から山頂まで平らな地形が続く。そこには700 haの高層

湿原が広がり、ワタスゲ、ベニサラサドウダン、ヒメシャクナゲ、コバケイソウ、ナエバキスミなど色とりどりの高山植物を見ることができる。湿原には、約6000カ所の池塘が点在し、その様子が苗代に見えることから「天の苗代」とも呼ばれる（Stop 4、写真5）。豊穣を祈念し伊米神社が祀られ、参拝登山がされてきた。

写真4　前倉のトドから望む苗場山（2015年5月撮影）

写真5　苗場山山頂の高層湿原（2013年6月撮影）

鳥甲火山と苗場山の溶岩

　中津川の左岸には、苗場山の溶岩の柱状節理が一面広がる石落しと呼ばれる場所がある（Stop 5、写真6）。この荒々しい岩壁は、大きく分けて上部が苗場山の溶岩、下部がこの地域の基盤である魚沼層群である。溶岩は、苗場山の第2期の噴火で流れてきたもので、柱状節理が発達している。この溶岩は、中津川両岸で見ることができ、かつてはつながっていたことがわかる。中津川が、30万年かけてこの溶岩や魚沼層群を侵食してきた。ここでは、春になると柱状節理が崩れ、ガラガラと音を立てて落ちることから石落しと呼ばれる。石落しの近くには、平家の落人伝説も残る天台宗のお寺である見玉不動尊がある。現在の姿は、鈴木牧之が描いたそのままである。そして、傍らには苗場溶岩層を背景とした清閑な滝が落ちている。

　苗場山麓ジオパークでは、鳥甲山と苗場山の溶岩を各地で見ることができる。結東のシシ穴では、鳥甲山の溶岩の柱状節理を見ることができる（写真7）。清水川原の大嵓（おおくら）では、鳥甲山と苗場山の溶岩層の両方を見ることができる（写真8）。

写真6　石落し（2012年11月撮影）

写真7　結東のシシ穴（2013年3月撮影）

写真8　清水川原の屏風岩（2012年11月撮影）秋には美しい3段の紅葉となる

　結東集落には、柱状節理から崩れた溶岩を利用してつくられた石垣田が広がっている（Stop 6、写真9）。この石垣田は、江戸時代の飢饉を教訓に、少

写真 9 結東の石垣田（2012 年 9 月撮影）

しでも多くの水田を確保しようと、明治時代に手作業で積み上げてつくられたものである。現在ここでは、この石垣田を守るための保存団体が活動している。石垣の修復や休耕田の利活用、そして、田植えが終わったころに石垣田にロウソクを灯し、春の宵を楽しむイベント「けっとの灯影」が開催されている。

湧水から育まれる歴史・文化

　この地域では、苗場山の溶岩層と下の魚沼層群との間から水が湧き出している。そうした湧水地の1つが龍ヶ窪である（Stop 7、写真10）。龍ヶ窪は、沖ノ原台地とその上にこんもりと広がる苗場山の溶岩からなる台地の縁から湧きでている。年間3〜4mとなる積雪や雨が、苗場山の溶岩層に浸み込み、その下の魚沼層との境界の所で水平方向に移動し、地表から水が湧きだす。平均水温は7〜10℃で、湧水量は季節によるが、毎分18〜30tである。計算上、池の水は1日で入れ替わることになる。この湧水が降水から龍ヶ窪に湧き出すまでの年月を調査したところ、40年かかることがわかっている。

写真 10 龍ヶ窪（2012 年 10 月撮影）

龍ヶ窪の畔にはブナやスギで生え神秘的な佇まいである。ここには数々の龍神伝説が残っている。

　龍ヶ窪周辺には縄文時代の遺跡が点在していることから、縄文時代には、これらの湧水を利用し、村が営まれていたことが考えられる。また、中世には、新田氏や上杉氏の支配下の居館や山城が点在し、湧水を利用した農地経営がこの地で行われていたことが考えられる。現在も湧水地から取水した水の配水網が集落に張り巡らされ、飲料、農業用水、消雪用と住民に欠かせないものとなっている。

日本有数の河成段丘

　河成段丘は全国で見られるが、ここでは、何段もの段丘を一望することができる数少ない場所である（Stop 8、写真 11）。土地の隆起と、氷期－間氷期といった環境変動、そして中津川の働きによって、40 万年かかってつくり出された階段状の地形である。段丘面は、9 段とも 10 段とも呼ばれ、古い扇状地である 40 万年前の段丘から 1 万年前の段丘を見ることができる。

写真11 河成段丘 (2014年9月撮影)

写真12 沖ノ原遺跡 (2014年6月撮影)

そして、この段丘には日本各地から降り積もった火山灰が堆積しており、火山灰研究の場所としても注目されている。

　この段丘面で人類が活動するのは、3万年前からである。正面ケ原D遺跡では、姶良Tn軽石層の下から石器が多く出土している。また、5000年前の縄文時代の堂平遺跡からは、集落跡とともに火焔型土器と王冠型土器（国重

写真 13 沖ノ原遺跡出土火焔型土器（2014 年 6 月撮影）

要文化財）などが出土した。現在も段丘面は農地や住宅地などに利用され、段丘を舞台とした人の営みの歴史を見ることができる。縄文時代の大集落である沖ノ原遺跡は、信濃川の右岸、中津川の左岸の米原Ⅱ面段丘上に営まれた縄文時代のムラ跡である（Stop 9、写真 12）。多くの建物跡が発見され、1978（昭和 53）年に国指定史跡に指定された。直径 120 m の環状集落である。

　これらの遺跡から発掘された火焔型土器（写真 13）や石器、土偶、クッキー状炭化物など発見された資料 1064 点は、新潟県の文化財に指定され、津南町歴史民俗資料館にてその資料が展示されている。特に先史時代における粘土造形技術とされる火焔型土器は、日本考古学上、大変重要な文化財である。こうした土地の成り立ちと文化財から、私たちは、旧石器時代・縄文時代にこの地に暮らした人々の暮らしや社会を読み取ることができる。そして、私たちの持続可能な社会構築のためには、彼らの自然環境とのつきあい方から学ぶことは多い。

震災の記憶を伝える

　2011（平成 23）年 3 月 12 日、東日本大震災の翌日、新潟県津南町と長野県栄村の県境付近を震源地とするマグニチュード 6.7 の長野県北部地震が発生した。その被害は、特に信濃川左岸で顕著であった。信濃川左岸の東頸城

写真14 中条川崩落地形（2012年10月撮影）

　丘陵地域は、260万年～220万年前には、古日本海の海岸線付近であったため泥層、砂層、礫層、火山灰層、亜炭層などの地層が分布している。これらの地層は魚沼層と呼ばれる地層で、昔から地すべりが多く発生していた。長野県北部地震の際も中条川や辰ノ口において、大規模な地すべりが発生した。特に大きな痕跡は、中条川流域の崩落地形で、今もその姿を見ることができる（写真14）。この地震の際には、この崩落地近くの森宮野原駅前に立つ、1945（昭和20）年の積雪7.85mを示している標柱が傾いた。現在も、傾いた状態そのままで残されている。

　震災から5年経った、2016（平成28）年4月27日には、栄村森宮野原駅前複合施設「震災復興祈念館　絆」がオープンした。震災の様子や本ジオパークの概要が展示され、今後の防災学習の拠点となることが期待されている。

苗場山麓ジオパークで伝えたいこと・感じてほしい事

　苗場山麓の豊かな自然と歴史文化は苗場山のおかげである。それは、降り積もった雪や雨が大地に浸み込み、苗場山の溶岩層を通り、その下の層との

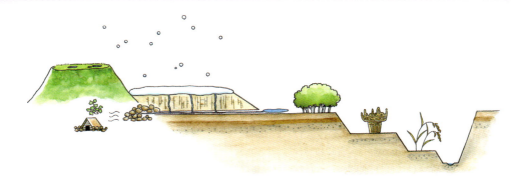

図2 苗場の賜物

隙間から湧水となる。この湧水によって豊かな森が育まれ、私たちの祖先である縄文の民はその森と共生し、1万年間という長い間、自然環境に配慮した持続可能な社会を生み出し、長い間この苗場山麓で生き続けた。それらが、縄文文化を醸成し、原始芸術の極みともいえる火焔型土器が生み出された（図2）。

現在は、この水と河成段丘の平らな地形を利用し、美味しいお米や農作物や日本酒などがつくられている。年間降水量の半分以上を占めるたくさんの雪と、火山がつくり出した大地のおかげで、雪に適応した苗場山麓ならではの自然と歴史文化が現在まで続いている。私たちは、これから大地や自然とどのように付き合い、接していくべきだろうか。自然環境と歴史、文化を未来へと残していくために、この自然、文化の価値を広く周知し、地域住民や子どもたちの学習の場となり、郷土の誇りを醸成していくことで、これらの環境が維持されていくだろう。苗場山麓ジオパークでは、津南町の農と縄文の体験実習館"なじょもん"がそうした情報発信の場となっている。また、苗場山麓ジオパーク公認ガイドが、来訪者にここの自然や文化のすばらしさを伝えている。地元住民によるガイドとともに歩き、より深く学び感動していただきたい。

（佐藤信之）

【参考文献】
- 卜部厚志・片岡香子（2013）苗場山山頂の湿原堆積物に挟在するテフラ層．第四紀研究 52, 241-254.
- 島津光夫・関沢清勝（2003）『秋山郷の地学案内』野島出版
- 渡辺秀男（2005）津南の河岸段丘とその形成．津南学叢書第 3 集「津南段丘と遺跡－先史時代の生活－」津南町教育委員会

【問い合わせ先】
- 苗場山麓ジオパーク推進室（ジオパークに関すること）
  新潟県中魚沼郡津南町大字下船渡乙 835 ☎ 025-765-1600
  http://naeba-geo.jpn.org
- 津南町観光協会（ガイドに関すること）
  新潟県中魚沼郡津南町大字下船渡戊 585 ☎ 025-765-5585
  http://www.tsunan.info

【関連施設】
- 津南町農と縄文の体験実習館　なじょもん
  新潟県中魚沼郡津南町大字下船渡乙 835 ☎ 025-765-5511
- 津南町歴史民俗資料館
  新潟県中魚沼郡津南町大字中深見乙 827 ☎ 025-765-2882
- 栄村森宮野原駅前複合施設「震災復興祈念館　絆」
  長野県下水内郡栄村北信 3586-4 ☎ 0269-87-2200
- 栄村秋山郷総合センターとねんぼ
  長野県下水内郡栄村大字堺 18281 ☎ 025-767-2276

【2.5 万分の 1 地形図】
「大割野」「赤沢」「苗場山」「松之山温泉」「信濃森」「鳥甲山」「切明」「岩菅山」「佐武流山」「野反湖」

【位置情報】

Stop	緯度	経度	地点
Stop 1	36°55'50" N	138°39'00" E	猿飛橋
Stop 2	36°50'23" N	138°37'52" E	天池
Stop 3	36°52'11" N	138°36'49" E	布岩山
Stop 4	36°54'18" N	138°37'21" E	前倉のトド
Stop 5	36°57'32" N	138°39'19" E	石落し
Stop 6	36°55'28" N	138°38'26" E	石垣田
Stop 7	36°58'30" N	138°37'46" E	龍ヶ窪
Stop 8	37°01'49" N	138°36'40" E	マウンテンパーク津南展望台
Stop 9	36°59'29" N	138°39'12" E	沖ノ原遺跡

コラム6 プレートテクトニクスと伊豆

　日本周辺は4枚ものプレートがひしめく場所で、複雑な地球科学的背景をつくり出している。特に房総半島沖では、相模トラフ、日本海溝、伊豆・小笠原海溝の3つの海溝が接する世界で唯一の海溝三重会合点となっている。日本の地形や地質の多様性の一部はこうしたプレートの動きがつくり出している。

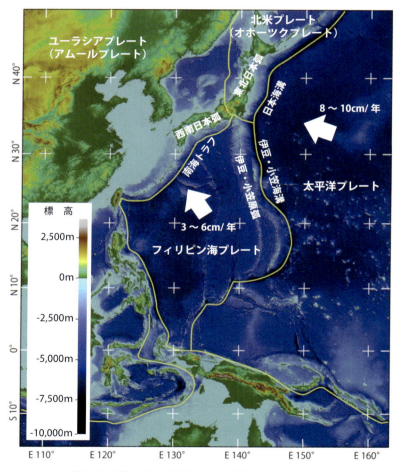

図1　日本周辺のプレート動きとプレート境界　ETOPO2より作成

伊豆半島の両側にある駿河湾と相模灘は、それぞれ駿河トラフ、相模トラフと呼ばれる、北進するフィリピン海プレートが本州の下に沈みこむプレート境界である。本地域は伊豆・小笠原弧という活動的な島弧がほかの島弧である本州弧の下に潜りこむ世界で唯一の場所である。

　伊豆・小笠原弧の北端に位置する伊豆半島は、フィリピン海プレートの北上に伴い本州に衝突した異地性地塊である。ここでは、100万年前の伊豆半島の衝突に先立ち、500～600万年前には丹沢地塊が本州に衝突している。さらにそれ以前にも、別の地塊である御坂地塊と櫛形山地塊が衝突したと考えられている。こうした地塊の多重衝突は、本州中央部に東西にのびる地質の帯状構造を大きく「ハ」の字型に屈曲させるなど、地質構造や地形に大きな影響をもたらしている。こうした多重衝突の現場において、現在も衝突が継続している。例えば赤石山脈は、鮮新世前期ころから隆起をはじめ、伊豆地塊が本州に衝突した100万年以降に全般的な隆起が活発になった。その隆起量は100万年間に1000mに及び、最近100年間でも約40cmという活発な隆起が続いている。天竜川の先行谷もこのような活発な隆起を反映した地形である。

　伊豆や中部は、プレート運動そのものだけでなく、大陸地殻形成過程や海底火山噴出物の堆積過程、多数の火山噴火の観測調査など、多くの研究が精力的に行われている場でもある。1986年の伊豆大島三原山噴火や2015年の箱根大涌谷における小規模噴火など、さまざまな火山活動が進行中であり、生きた火山の姿を目の当たりにすることができる。

　活発な大地の動きは、地形や地質

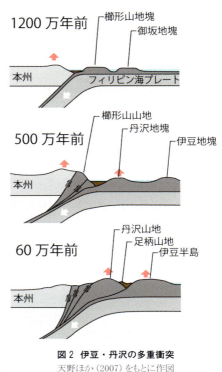

図2　伊豆・丹沢の多重衝突
天野ほか（2007）をもとに作図

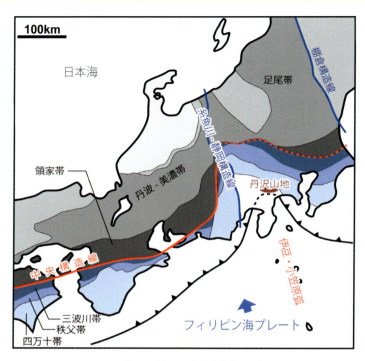

図3 本州中央部の地質帯状構造の屈曲

の多様性をつくり出し、その上に形成される生物多様性をはぐくむ一方、多くの地質災害を引き起こす。プレートの沈み込などに伴い、東海地震や東南海地震、関東地震など多くの地震が繰り返されてきた。また、断層や節理、あるいは重力性の変形によって破砕されている岩盤や、脆弱な火山噴出物は土砂災害をもたらす。こうした地域に、人口が集中する都市を有する首都圏や、交通の要衝が位置しているということは多くの方が知っておく必要がある。

（鈴木雄介）

【参考文献】
・天野一男・松原典孝・田切美智雄（2007）富士山の基盤：丹沢山地の地質－衝突付加した古海洋性島弧－．荒牧重雄・藤井敏嗣・中田節也・宮地直道編『富士火山』山梨県環境科学研究所, 59-68.

 **海**

　46億年前、誕生したばかりの地球はマグマの海に覆われていた。やがて地球の温度が下がると、原始大気中の水蒸気が雨となって地上に降り注いだ。雨は数千年以上も降り続き、原始海洋が誕生した。現在、海洋は地球表面の71％を占め、体積は約13億km³にもなる。38億年前に、生命誕生の現場となった海は、今も私たちの生活に多大な影響を与えている。

　日本人の生活は古くから海と共にあった。日本の漁業の歴史は縄文時代早期にまでさかのぼり、遺跡からは釣り針や網漁に用いる錘（おもり）が出土している。私たちが口にする海産物の多くは、表層と呼ばれる水深200m以浅に生息するものである。太陽光の届く海洋表層には、豊かな生態系が広がっているが、これは光合成を行う珪藻（けいそう）や渦鞭毛藻などの一次生産者である植物プランクトンが基盤となっている。また海面から約400mまでの海水は、貿易風や偏西風の影響により表層海流が起こり絶えず循環している。日本近海の三陸沖などは温かい海流である暖流と冷たい海流である寒流が交わるため好漁場となっている。

　表層海流とは別に、1000m以深の深海でも、深層流と呼ばれる海水の循環がある。北極や南極といった高緯度域では、氷ができるために海水中の塩分濃度が高くなり、低温で高密度の海水ができる。この海水は重いため、海洋深層にもぐり込んで流れていく。北大西洋や南極周辺でもぐり込んだ深層流は1000年以上という長い時間をかけて深海をめぐり、インド洋や北太平洋で上昇し、再び表層にあらわれる。この表層水と深層水の循環は熱塩循環とも呼ばれ、低緯度の熱を高緯度域へ運ぶ役割も担っている。もしこの循環が止まれば、南極や北極の気温はどんどん低下し、赤道周辺の気温はどんどん上昇すると考えられている。すなわち海洋は気候をコントロールする役割も担っている。私たちが比較的安定した気候の中で暮らすことができるのも海があるからこそである。

　日本列島の大地も、その大部分が海で形成されたものである。地球上の海底地形は、大陸周辺に水深200m程度の大陸棚があり、その外側の大陸斜面の下には水深4000〜6000mの深海平原が広がっている。深海平原は、中央

海嶺で誕生した海洋プレートを基盤としている。海洋プレートが大陸プレートの下に沈み込む海溝では、沈み込みに伴って深海平原の堆積物の一部がはぎ取られ、付加体となって大陸プレートに付け加わる。大陸縁辺域に位置する日本列島は、その大部分が付加体を基盤に形作られている。

深海平原は海嶺から移動をはじめて陸域が近づくにつれて、遠洋性堆積物から次第に陸源性堆積物に覆われていく。陸地から砂や泥の流入がほとんどない遠洋域では、海底に降り積もる堆積物のほとんどがプランクトンの遺骸である。生きたプランクトンの姿は、プランクトンネットで海水を濾し取ることで観察することができる（写真1）。海洋生物といえば魚類や海洋哺乳類が目立つが、一見すると何もないように思われる海水中にも、数十μmから数mmという大きさの微小生物が多く存在している。これらは、生産者もしくは一次消費者として海洋生態系を支えている。

写真1 プランクトンを採取する様子
（2011年7月撮影）

浮遊性有孔虫や石灰質ナンノプランクトンといった炭酸カルシウムの骨格を持つグループの遺骸が海底に堆積すると石灰岩となる。ただしこれは、海山などの比較的浅い海域に限られる。炭酸塩補償深度よりも深い場所では、炭酸カルシウムの殻は沈降する過程で海水中に溶け出してしまうために石灰岩は堆積しない。一方で放散虫（写真2）や珪藻といった珪酸質（SiO_2）の骨格を持つプランクトンの遺骸は、溶けることなく深海底に到達する。このため炭

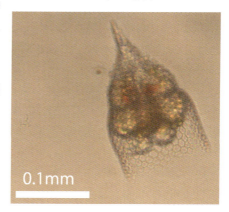

写真2 現生の放散虫

酸塩補償深度よりも深い海域ではガラスの殻（写真3）だけがゆっくりと降り積もり、チャート層が形成される（写真4）。その後、海溝に近づくに連れて陸源性物質が混入し珪質泥岩、最後には砂泥互層（タービダイト）が堆積する。

写真3　ジュラ紀の放散虫化石

写真4　木曽川沿いの層状チャート（2011年11月撮影）

　付加体中の遠洋性石灰岩やチャートは、数億〜数千万年前の地球の記憶を現在に伝えるかけがえのない地質遺産である。そして私達の暮らしは、こうした地層に足元からも支えられている。私たちは海と共に暮らし、海に支えられた豊かな文化の中で暮らしているのである。

（白井孝明）

コラム8 野柳地質公園

　台湾の野柳地質公園は、フィリピン海プレートとユーラシアプレートの境界部分に位置する（図1）。伊豆半島付近を除く日本周辺のフィリピン海プレートはユーラシアプレートの下に沈み込んでいるが、台湾ではフィリピン海プレートの一部がユーラシアプレートにのり上げている、あるいは衝突している。

　野柳地質公園のある野柳の町は、台湾の北東部に位置し、台北から公共交通を使って1.5時間ほどで到着する。この地質公園は国家公園法に基づく国家風景区に設定された海岸で、多くの観光客が訪れる。全長1700 mの細長い岬全体が地質公園に指定されていて、入場は有料である。また、訪問者が多い場合には保護のために入場制限がかかる場合がある。この公園は、民間企業である新空間國際有限公司が経営管理し、保護、研究、教育、レジャーを経営理念として運営されている。

　公園をつくっている地層は、2200万年前ころに浅い海の底にたまった砂の地層で、ウニや貝殻の化石や生痕化石（生物そのものではなく、這い跡な

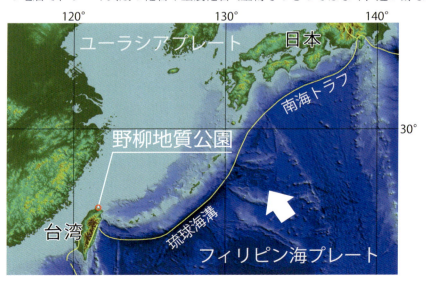

図1　**野柳地質公園の位置**　ETOPO2から作成

どの生物活動の痕跡が化石として残ったもの）が含まれている。海底に堆積してできたこの砂岩層は、600万年前ころから隆起をはじめ、地層が傾動したり、褶曲や断層をつくったりしながら海上に姿をあらわした。この地殻変動は現在も進行中で、野柳周辺は隆起が続いている。水面下で波による侵食を受けてできた平坦面が隆起して隆起波食棚として海上に姿をあらわしている。また、傾斜した地層が侵食され、急勾配の崖と緩い勾配の斜面が繰り返すようになったケスタという地形も見られる（写真1）。こうして地上に姿をあらわした地層そのものも見どころだが、野柳地質公園の主な見どころは、不均質な砂岩が隆起の過程で波浪や風、雨水、生物などによって風化・侵食された結果できた独特な風景である。

　独特な風景の1つは「きのこ岩」である（写真2）。上部に球状の部分があり、その下は細い柱状の岩石である。上位の地層が下位の地層より硬かったため、硬い部分が風化、侵食に耐えて大きく残り、きのこのような形になった。さまざまな形の岩には「妖精の靴」や「アイスクリーム岩」などのユニークな名前が与えられている。これらの岩の表面にある蜂の巣状の凸凹は、タ

写真1　ケスタ　（写真提供：新空間國際有限公司）

写真 2　きのこ岩　（写真提供：新空間國際有限公司）

写真 3　ゴリラ岩　（写真提供：新空間國際有限公司）

フォニと呼ばれる。岩石の表面からしみ込んだ海水からできた塩の結晶が、岩石の表面を壊してできる。ゴリラ岩表面の凸凹もタフォニと思われる（写真3）。きのこ岩は隆起し、海面から離れるほど雨風による風化、侵食が強くなり、きのこの柄の部分が細くなるという。こうしてできた柄の細いきのこ岩の一部は、人の頭のように見えるようになることがある。女王の頭（ク

イーンズヘッド）と呼ばれる岩は野柳地質公園のシンボルでもある（写真4）。大きな頭に細い首の女王は人気のスポットで、雨や風にさらされるだけでなく、観光客が手を触れるために風化が速く進行してしまっている。

　野柳の海は、東シナ海、南シナ海、黒潮それぞれの生態が交わるため、海洋生物の宝庫となっており、生物観察の場としても適している。また、こうした豊富な海洋資源に恵まれ漁業が盛んな野柳には、漁村文化が残され、たくさんの海産物レストランが立ち並ぶ。奇岩を楽しんだあとは野柳の食も楽しみたい。

（鈴木雄介）

写真4　女王の頭　（写真提供：新空間國際有限公司）

【問い合わせ先】
・野流地質公園
　新北市 20744 萬里区野柳里港東路 167-1 号　☎ 886-2-24922016
　http://www.ylgeopark.org.tw

【アクセス】
　台湾桃園国際空港を利用し、空港バスで台北市内へ入る。台北から野柳までは約 25 km。台北のバスターミナルから「金山方面」行きのバスに乗ると、乗り換えなしで野柳まで行くことができる。また、台北から基隆駅まで鉄道を利用し、そこからバスで野柳に向かうこともできる。

北海道地図株式会社のジオアート

『銚子ジオパーク ジオアート』

①箱根ジオパーク
②ジオパーク秩父
③伊豆半島ジオパーク
④伊豆大島ジオパーク
⑤苗場山麓ジオパーク
⑥下仁田ジオパーク
⑦茨城県北ジオパーク

デジタルサイネージ (Digital Signage)

　デジタルサイネージは、電子広告板、電子看板とも呼ばれる情報発信システムです。これまでは主に広告表示のために使われていましたが、ディスプレイの高品質化と低価格化、そしてネットワーク化が急速に進み、現在は、多様な情報の発信ツールとして使われるようになっています。デジタルデータのため、多様な表現が可能となります。例えば地図の地名は、英語、中国語（簡体・繁体字）、フランス語、韓国語などの多言語で表示することができます。また、現在地から目的地までの経路も示すことができます。

　ジオパークでは、拠点施設などへの設置が考えられます。ビジターが行きたいジオサイトを選択すると、そこから目的地までの経路が示され、さらにそのジオサイトの解説や関連情報を示すことができます。高解像度の映像等を表示することができるので、悪天候のときでも、ビューポイントからの風景や鳥瞰図のアニメーション映像などを示すことができます。

鳥瞰動画や写真を使ってバーチャルジオツアーを体験できます　　　　タッチパネルになっているため直感的に操作できます

多言語マップで外国からの来訪者に対応できます

索引

あ行

アア溶岩　21,117
姶良 Tn 軽石　131
青石塔婆　65
赤石山脈　109,137
秋廣平六　26
秋山郷　123
アグルチネート　21
足尾銅山　17
アシカ　86
阿蘇4テフラ　74
阿武火山群　116
アポイアザミ　105
荒船風穴　49,54
アラメ　81
あんこさん　26
安山岩　86,123
アンモナイト　40
イオウゴケ　97
石垣　115
石垣田　129
石垣山一夜城　101
石丁場　114,115
石綿　63
異常巻きアンモナイト　40
伊豆石　13,114
伊豆大島三原山噴火　137
伊豆・小笠原弧　11,109,118,137
伊豆堅石　114,115
伊豆東部火山群　116
伊豆軟石　114
伊豆半島　137
遺跡　130-132,139
イソギク　83
遺存種　105
井戸　26
糸魚川－静岡構造線　109
犬吠埼の白亜紀浅海堆積物　86
伊米神社　126

イワシ　80
磐長姫命　117
埋立地　17
江戸城　115
延宝房総沖地震　82
遠洋性堆積物　140
円礫　50
王冠型土器　131
大塚専一　64
オーバーユース　45
大谷石　13,114
岡倉天心　38
小川琢治　64
お台場　100
小田原用水　101
鬼の洗濯板　40
親潮　80,88

か行

海溝　140
海溝三重会合点 →会合点
会合点　11,136
海食崖　24,117
海食台　39
海食洞　99
海水準変動　11
海底火山　34,53,124,137
海洋大循環　118,139
海洋プレート　36,94,140
外輪山　20,95
海嶺　140
火焔型土器　131,132
火浣布　63
花崗岩　13
火口湖　26
火砕岩　22,24
火砕丘　20,21
火砕流　20,24,34,95
火山ガス　73,97

火山岩頸　24,117
火山砕屑物　→テフラ
火山弾　21,22
火山灰　23,73,131
火山豆石　20
河成段丘　32,70,123,130
活火山　94
活断層　14
火道　24
香取海　88
カモメ　83
からっ風　14
軽石　50,73
カルシウムイオン　38
カルデラ　14,19,20,56,74,95
川端康成　26,120
岩塊　54
環状集落　132
関東造盆地運動　11
関東大震災　114
関東堆積盆地　11,13
関東平野　11,32
関東ローム　14,50,83,101
神縄断層　13
貫入岩　→貫入岩体
貫入岩体　54,114
間氷期　104
岩脈　24,113
生糸　58
汽水湖　88
季節風　14
北アメリカプレート　11,14,94,98
絹買宿　68
きのこ岩　143
旧石器時代　123
丘陵　11
凝灰角礫岩　98
凝灰岩　113,114
キンメダイ　118
櫛形山地塊　137
グリーンタフ　124
クリッペ　53

クリンカー　21,117
黒潮　19,79,80,88,118
珪酸質　140
珪藻　139,140
ケスタ　143
結晶片岩　66
原始海洋　139
玄武岩　123
元禄地震　26,82
降下火砕物　23
航空実播　28
豪雪　14
豪族　16
コウノトリ　106
紅簾石片岩　67
古海洋性島弧　14
刻印石　115
国際地質科学連合　8
古秩父湾堆積層及び海棲哺乳類化石群　68
小藤文次郎　63
コバケイソウ　126
古墳　16,65
小松石　100
混濁流　85
ゴンドワナ大陸　13,42

さ行

最終氷期　104
相模トラフ　137
砂岩　34
砂嘴　118
砂州　82
サツマハオリムシ　105
三角波　82,83
山中地溝帯　69
三波石　53
ジオストーリー　2,41
ジオ多様性　2,106
時間雨量　28
自鑑水　99
地震　14,26,32,44,82,85,132,133,138
地すべり　54,96,123,133

地場産業　63
下田まち遺産　114
斜交層理　34
樹幹流　27
ジュラ紀　77
衝上断層　54
上信電鉄　58
常磐炭田　17
縄文遺跡　16
縄文時代　16,130,132
醤油　78
条里制遺構　67
常緑広葉樹林　16
植生遷移　16
植物プランクトン →プランクトン
深海平原　139,140
浸水高　44
新田開発　16
神保小虎　64,69
針葉樹林　16
水車　56
水蒸気爆発　20
水神様　26
水冷破砕溶岩　112
スウェール状斜交層理　86
スコリア　21-23,73
スコリア丘　116,117
鈴木牧之　123
駿河トラフ　137
駿河湾　109,118
駿府城　115
生痕化石　86,142
成層火山　95,99
生物多様性　2,106
製粉　56
世界遺産　49
積雪　129
石炭　37
せき止め湖　117
石灰岩　69,70,140
石器　52,131
接触交代鉱床　63

先行谷　137
扇状地　33,130
雑木林　16
側噴火　19

た行
タービダイト　40,85,113,141
堆積盆地　11
台地　11,32
台風　27
太平洋プレート　11,14
第四紀火山　12,14
平 清盛　98
大陸斜面　139
大陸棚　139
大陸地殻　14,137
大陸プレート　36,140
タカアシガニ　118
タギリカクレエビ　105
ダケカンバ　16
蛇行　32
多雪地域　123
棚倉断層　33
タフォニ　143
段丘崖　50
丹沢地塊　137
炭酸塩コンクリーション　38
炭酸塩補償深度　140
炭酸カルシウム　140
単成火山群　116
炭田　17,37
地域おこし協力隊　60
地衣類　117
築城石　115
地層大切断面　23
秩父札所　70
秩父銘仙　68
池塘　126
チャート　141
中央火口丘　19,20,96
柱状節理　117,125,127
鳥瞰図　3

銚子石　81,85
チュウシャクシギ　83
津軽海峡　104
津波　44
低地　11,32
泥流　28
デジタルサイネージ　147
テフラ　73,75,99,113
テフロクロノロジー　74,75
天水桶　26
天竜川　109
砥石　85
洞窟　45
動物プランクトン →プランクトン
東北地方太平洋沖地震　14,32,44,82
トキ　106
土偶　132
土砂災害　27
土石流　34
利根川東遷事業　16,78

な行

ナウマン　63,70
ナエバキスミ　126
中山道　49
長野県北部地震　132,133
流れ山　96,97
夏鳥　83
ナヨシダ　56
南部フォッサマグナ　13
西之島　109
日本海拡大　11,13,33
ニホンザル　105
沼　66
熱塩循環 →海洋大循環
野口雨情　26
野面積み　101

は行

ハイアロクラスタイト　34,35,124
バクテリア　38
箱根神社　96

砕波帯　82
波食棚　40,143
パホイホイ溶岩　21
ハマカンゾウ　83
ハマゴウ　83
ハマヒルガオ　83
ハマンカー　26
原田豊吉　63
ハルジオン　56
パレオパラドキシア　68
パンゲア大陸　42
ハンモック状斜交層理　86
ヒートアイランド現象　15
日鑑　70
東日本大震災 →東北地方太平洋沖地震
微褶曲　67
日立鉱山　17,42
常陸国風土記　31
ヒダカソウ　105
ヒメジオン　56
ヒメシャクナゲ　126
平賀源内　63
フィリピン海プレート　11,94,98,112,118,
　　　　　　　　　　　　137,142
風穴　56
フェーン現象　15
フォッサマグナ　13,14,33,63,109
付加体　13,84,141
福江火山群　116
福島第一原発　44
複成火山　115,116
武甲山　70
富士山　109
筆島 →火山岩頸
ブナ　16
ブラキストン線　105
プランクトン　36,79,80,139,140
文化財　39,90,91,98,132
文化財保護法　90
ベッドタウン　17
ベニサラサドウダン　126
変成岩　13,63,65

崩壊　96
放散虫　140,141
放射性炭素　75
崩落地形　133
解し捺染　68
北米プレート →北アメリカプレート
干鰯　80
ホソイノデ　56
ポットホール　67
本州弧　137
盆地　63,117

ま行
マール　116,117
磨崖仏　98
マグマ　19,73
マグマ水蒸気爆発　25
マグマの海　139
枕状溶岩　112
御坂地塊　137
水分け神話　26
三峯神社　70
源 頼朝　98
宮沢賢治　69
メタン　38
メタンハイドレート　39
綿　80
モササウルス　41

や行
屋敷林　15
やませ　15

山焼き　116
有孔虫　140
湧水　119,129
ユーラシアプレート　136,142
溶岩　19,23,25,86,115,117,125,127
溶岩台地　24
溶岩ドーム　116,117
溶岩流　20-22,24
養蚕　54,68
ようばけ　68
横山大観　38
横山又次郎　64

ら行
ライチョウ　105
ラハール　28
陸源性堆積物　140
律令制　16
硫化水素　96
隆起波食棚　143
留鳥　83
緑色岩　53
緑泥石片岩　65
礫　34
礫岩　33,34
レス　28
六角堂　38

わ行
ワサビ　119
ワタスゲ　126
渡り鳥　83

日本のジオパークの沿革

日付	日本ジオパーク	ユネスコ世界ジオパーク※	その他
2007年			
12月26日			日本ジオパーク連絡協議会発足
2008年			
5月28日			日本ジオパーク委員会発足
12月8日	アポイ岳、糸魚川、山陰海岸、島原半島、洞爺湖有珠山、南アルプス（中央構造線エリア）、室戸		
2009年			
2月20日			日本ジオパークネットワーク発足
8月22日		糸魚川、島原半島、洞爺湖有珠山	
10月28日	阿蘇、天草御所浦、隠岐、恐竜渓谷ふくい勝山		
2010年			
9月14日	**伊豆大島**、白滝、霧島		
10月3日		山陰海岸	
2011年			
9月5日	**茨城県北**、男鹿半島・大潟、**下仁田**、**秩父**、白山手取川、磐梯山		
9月18日		室戸	
2012年			
9月24日	**伊豆半島**、**銚子**、**箱根**、八峰白神、ゆざわ		
2013年			
9月9日		隠岐	
9月14日	おおいた姫島、おおいた豊後大野、桜島・錦江湾、佐渡、三陸、四国西予、三笠		
12月16日	とかち鹿追		
2014年			
8月28日	天草、立山黒部、南紀熊野		
9月25日		阿蘇	
11月25日			天草御所浦と天草が合併
12月22日	**苗場山麓**		
2015年			
9月4日	栗駒山麓、三島村・鬼界カルデラ、Mine 秋吉台		
9月19日		アポイ岳	
11月17日			ユネスコ正式プログラム化
2016年			
9月9日	浅間山北麓、下北、鳥海山・飛島、筑波山地域		

※ 2015年11月までは世界ジオパーク
太字で示したジオパークが、本巻に掲載されています

シリーズ監修者

目代邦康（MOKUDAI Kuniyasu）

日本ジオサービス株式会社　代表取締役。博士（理学）。専門は地形学、自然保護論。日本ジオパークネットワーク主任研究員。日本地理学会ジオパーク対応委員会委員。日本第四紀学会ジオパーク支援委員会委員。銚子ジオパーク学識顧問。伊豆半島ジオパーク推進協議会学術部会委員。IUCN WCPA Geoheritage Specialist Group メンバー。e-journal「ジオパークと地域資源」編集長。
http://researchmap.jp/kmokudai/

編者

目代邦康

鈴木雄介（SUZUKI Yusuke）

伊豆半島ジオパーク推進協議会事務局　専任研究員。専門は火山学。日本火山学会ジオパーク支援委員会委員。e-journal「ジオパークと地域資源」編集委員。

松原典孝（MATSUBARA Noritaka）

兵庫県立大学大学院地域資源マネジメント研究科　助教。博士（理学）。専門は地質学、堆積学。山陰海岸ジオパーク学識専門員。日本地質学会ジオパーク支援委員会委員。ユネスコ世界ジオパーク現地審査員。e-journal「ジオパークと地域資源」編集委員。

執筆者

青山朋史（AOYAMA Tomofumi）

箱根町企画課ジオパーク推進室。箱根ジオパーク推進協議会事務局。

天野一男（AMANO Kazuo）

日本大学文理学部自然科学研究所　上席研究員。博士（理学）。専門は地質学。日本地質学会ジオパーク支援委員会委員長。茨城県北ジオパーク運営委員・顧問。
https://sites.google.com/site/tianyedezhiyanjiushi/

五十嵐祐介（IGARASHI Yusuke）

男鹿市教育委員会生涯学習課。男鹿半島・大潟ジオパーク推進協議会事務局。専門は考古学。

井上素子（INOUE Motoko）

埼玉県立自然の博物館　主任学芸員。秩父まるごとジオパーク推進協議会運営委員。専門は自然地理学。

岩本直哉（IWAMOTO Naoya）

銚子市教育部生涯学習スポーツ課ジオパーク推進室　主任学芸員。銚子ジオパーク推進協議会事務局。博士（理学）。専門は地質学、古環境学。日本第四紀学会ジオパーク支援委員会委員。

川邉禎久(KAWANABE Yoshihisa)
　産業技術総合研究所地質調査総合センター　主任研究員。専門は火山地質学。伊豆大島ジオパーク推進委員会委員。伊豆大島ジオパーク学識委員。

佐藤信之(SATO Nobuyuki)
　津南町教育委員会文化財班・ジオパーク推進室　文化財専門員。苗場山麓ジオパーク振興協議会事務局。専門は考古学。

白井孝明(SHIRAI Takaaki)
　室戸ジオパーク推進協議会　地質学専門員。専門は地質学、古生物学。

鈴木雄介

関谷友彦(SEKIYA Tomohiko)
　下仁田ジオパーク推進協議会。専門は地質学。

中村有吾(NAKAMURA Yugo)
　室戸ジオパーク推進協議会　地理専門員。博士(地球環境科学)。専門は自然地理学、第四紀学。

西谷香奈(NISHITANI Kana)
　株式会社グローバルスポーツクラブ。伊豆大島ジオパーク推進委員会委員。

長谷川　航(HASEGAWA Wataru)
　土佐清水ジオパーク推進協議会。博士(理学)。専門は、洞窟学、古気候学。

平田和彦(HIRATA Kazuhiko)
　むつ市総務政策部総合戦略課ジオパーク推進室　むつ市ジオパーク推進員。下北ジオパーク構想推進協議会事務局。専門は生態学、水産科学。

本間岳史(HOMMA Takeshi)
　埼玉県立自然の博物館　元館長。専門は構造地質学、博物館学。埼玉県文化財保護審議会委員。

蒔田尚典(TAKANORI Makita)
　十勝岳山麓ジオパーク推進協議会事務局。JGN運営会議教育WGリーダー。

松原典孝

目代邦康

山田雅仁(YAMADA Masahito)
　銚子市教育部生涯学習スポーツ課ジオパーク推進室。銚子ジオパーク推進協議会事務局。博士(地球環境科学)。専門は、微気象学、局地気象学。

カバー写真

鏑川の渓谷とジオパークラッピング列車（群馬県下仁田町、下仁田ジオパーク）
かぶらがわ

下仁田駅を出発した高崎行きの列車は、鏑川の渓谷沿いを、曲線を描くように進み、不通渓谷を過ぎると段丘の平らな面の上を真っすぐ東へ向かう。これは、この辺りで地質が変わるためだ。ここから上流側は比較的硬い地層や岩石が多く、下流側は比較的柔らかい地層が多いため、このような地形の違いが生まれた。　　　　　　　　（松原典孝）

2014年8月撮影

表紙写真

袋田の滝（茨城県太子町、茨城県北ジオパーク）

日本の三大名瀑にも数えられる袋田の滝は、岩肌に沿って水がウォータースライダーのように流れ落ちるのが特徴である。この岩はハイアロクラスタイトという水中に噴出した火山岩で、約1500万年前のものである。ハイアロクラスタイトは周囲の地層より硬いため、ここに滝が出現した。　　　　　　　　　　　　　　　　　　（松原典孝）

2007年6月撮影

関東地方扉写真

北関東の山並み（栃木県渡良瀬遊水地）

関東平野の彼方に付加体などからなる山々が、さらにその背後に第四紀火山が連なる。遠方に見える雪をかぶった山は栃木県の男体山など。　　　　　　　　（松原典孝）

2011年1月撮影

中部地方扉写真

恵比須島のタフォニ（静岡県下田市、伊豆半島ジオパーク）

恵比須島は、凝灰岩砂岩という火山灰や軽石などの火山の噴出物や水中土石流が海底に堆積してできた地層からなる。その表面では、砂粒の間や小さな割れ目の中に海水がしみ込み、そこで塩類の結晶が成長する。そのときに、表面が破壊され、特徴的な形態がつくりだされていく。　　　　　　　　　　　　　　　　　　　　　　　（目代邦康）

2012年9月撮影

編　者　目代邦康（日本ジオサービス株式会社　代表取締役）
　　　　鈴木雄介（伊豆半島ジオパーク推進協議会事務局　専任研究員）
　　　　松原典孝（兵庫県立大学大学院地域資源マネジメント研究科　助教）

シリーズ大地の公園 監修　目代邦康

ジオアート及び地形陰影図提供　北海道地図株式会社

	シリーズ大地の公園
書　名	関東のジオパーク
コード	ISBN978-4-7722-5281-2　C1344
発行日	2016（平成28）年10月20日　初版第1刷発行
編　者	**目代邦康・鈴木雄介・松原典孝** Copyright　© 2016 Kuniyasu MOKUDAI, Yusuke SUZUKI and Noritaka MATSUBARA
発行者	株式会社古今書院　橋本寿資
印刷所	三美印刷株式会社
発行所	（株）古 今 書 院 〒101-0062　東京都千代田区神田駿河台2-10
電　話	03-3291-2757
ＦＡＸ	03-3233-0303
ＵＲＬ	http://www.kokon.co.jp/
	検印省略・Printed in Japan

いろんな本をご覧ください
古今書院のホームページ

http://www.kokon.co.jp/

★ 700点以上の**新刊・既刊書**の内容・目次を写真入りでくわしく紹介
★ 環境や都市，GIS，教育など**ジャンル別**のおすすめ本をラインナップ
★ **月刊『地理』**最新号・バックナンバーの目次＆ページ見本を掲載
★ 書名・著者・目次・内容紹介などあらゆる語句に対応した**検索機能**

古 今 書 院

〒101-0062　東京都千代田区神田駿河台 2-10
TEL 03-3291-2757　FAX 03-3233-0303
☆メールでのご注文は　order@kokon.co.jp　へ

索　引　　　　　　　　　　　　　　　　　　　　　　　205

線形変換　　118
全射　　116
全単射　　116
像 (Im)　　114, 127

　　た　行

体　　84
対角化可能　　168
対角化可能性　　169, 179
対角行列　　11
対角成分　　11
対称行列　　13
代数学の基本定理　　159
多重線形性　　61
単位行列 (E)　　11
単位ベクトル　　81
単射　　116
置換　　49
　　――の積　　50
　　――の符号 (sgn)　　53
　　――の分解　　53
重複度　　159
直和　　112
直交行列　　149
直交系　　140
直交する　　140
直交変換　　151
直交補空間　　148
定数ベクトル　　29
転置行列 (^tA)　　4
等角図　　120
同型　　123
同型写像　　123
同次連立1次方程式　　42
特性多項式　　158, 163
閉じている　　87
トレース (tr)　　20

　　な　行

内積　　82, 136
内積空間　　137

　　は　行

掃き出し法　　33, 39
張る線形空間　　92
非自明な解　　42
左基本変形　　32
等しい (行列が)　　2
表現行列　　125
標準基底　　105
標準形　　182
標準内積　　137, 138
複素行列　　2
複素線形空間　　85
複素ベクトル　　3
部分空間　　87
フーリエ級数展開　　143
分配法則　　10
平面ベクトル　　80
べき零行列　　17
ベクトル　　3, 80, 85
　　――の大きさ　　80, 81
　　――の長さ　　81
　　――のなす角　　140
　　――のノルム (長さ)　　138
　　――の方向　　80
ベクトル空間　　85
変数ベクトル　　29

　　や　行

有限次元線形空間　　106
有向線分　　80
ユニタリ行列　　154
ユニタリ変換　　154
余因子　　70

余因子行列　72
余因子展開
　　(第 i 行に関する)　70
　　(第 j 列に関する)　70

ら　行

ラグランジュ補間　77
ルジャンドル多項式　147
零 (→ ゼロ を見よ)
列　1

――に関する基本変形　30
列ベクトル　3
列ベクトル表示　3
連立 1 次方程式
　　――の解　27
　　――を解く　27

わ

和空間　89

監修者

久保 富士男
<small>くぼ ふじお</small>

1977年 広島大学大学院理学研究科博士
課程前期中退，理学博士
現　在 広島大学名誉教授

著者紹介

栗田 多喜夫
<small>くりた たきお</small>

1981年 名古屋工業大学工学部電子工学
科卒業，博士(工学)
現　在 広島大学大学院先進理工系科学
研究科教授

飯間 信
<small>いいま まこと</small>

1998年 京都大学大学院理学研究科博士
後期課程修了，博士(理学)
現　在 広島大学大学院統合生命科学研
究科教授

河村 尚明
<small>かわむら ひさあき</small>

2008年 北海道大学大学院理学研究科博
士後期課程修了，博士(理学)
現　在 近畿大学非常勤講師

Ⓒ　久保・栗田・飯間・河村　2017

2017年 1月31日　初版発行
2022年 3月22日　初版第3刷発行

専門基礎 線形代数学

監修者　久保富士男
　　　　栗田多喜夫
著　者　飯間　信
　　　　河村尚明
発行者　山本　格

発行所　株式会社　培風館
東京都千代田区九段南4-3-12・郵便番号102-8260
電話(03)3262-5256(代表)・振替00140-7-44725

中央印刷・牧 製本

PRINTED IN JAPAN

ISBN 978-4-563-01208-3　C3041